我的妈妈是航天教官

航天员与探险家

王一◎著　壹志做◎绘

人民邮电出版社

北京

图书在版编目（ＣＩＰ）数据

我的妈妈是航天教官：航天员与探险家 / 王一著；
壹志做绘. -- 北京：人民邮电出版社，2024.8
ISBN 978-7-115-63418-4

Ⅰ. ①我… Ⅱ. ①王… ②壹… Ⅲ. ①航天—儿童读
物 Ⅳ. ①V4-49

中国国家版本馆CIP数据核字(2024)第000600号

◆ 著　　　王　一
　　绘　　　壹志做
　　责任编辑　刘　朋
　　责任印制　陈　犇

◆ 人民邮电出版社出版发行　　北京市丰台区成寿寺路 11 号
　　邮编　100164　　电子邮件　315@ptpress.com.cn
　　网址　https://www.ptpress.com.cn
　　优奇仕印刷河北有限公司印刷

◆ 开本：720×960　1/16
　　印张：10.75　　　　　　　　2024 年 8 月第 1 版
　　字数：147 千字　　　　　　2025 年 5 月河北第 4 次印刷

定价：39.90 元

读者服务热线：(010)81055410　印装质量热线：(010)81055316
反盗版热线：(010)81055315

序言

　　亲爱的小读者，你是否曾梦想过带着你的宠物周游世界，甚至上太空呢？"我的妈妈是航天教官"不仅是一套以梦想和探索为主题的少儿读物，更是一套科学启蒙读物，适合热爱科学和航天的7~14岁孩子阅读。你可以在轻松愉快的阅读中获取丰富的科学知识，感受家庭的温暖和亲情的力量。

　　这套书以载人航天为背景展开叙述，主人公是9岁的小男孩土豆，他一直梦想带着他的6只狗狗周游世界。他的妈妈是一位航天教官，希望他成为栋梁之材；他的爸爸是一位自然随性的大学老师，对他有着无限的包容；而他的姐姐是一位正在太空执行任务的航天员，对太空和未来有着无限的憧憬。

　　这套书包括四册，分别是《我的妈妈是航天教官：开飞船与开大巴》《我的妈妈是航天教官：航天员与探险家》《我的妈妈是航天教官：航天基地与太空城堡》《我的妈妈是航天教官：太空旅行与外星探测》。每册包括20个单元，在每个单元的开始，小主人公土豆都会分享一个有趣的故事或一段奇妙的经历，讲述自己的梦想或遇到的问题，然后妈妈、爸爸、姐姐围绕同一话题分别讲述自己的故事，发表不同的看法。从四个人物的讲述中，你可以学习如何处理成长过程中遇到的问题，学会如何与家人沟通，还可学习到许多有趣的科学知识。

在每一个单元的最后专门设置了一个小专题——"太空之问",进一步阐述该单元所涉及的科学知识,以满足小读者的好奇心。当然,你也可以跳过这部分内容,等到将来遇到相关问题时再回来阅读。相信你会有不同的理解和感受。

好奇心是人类最宝贵的品质,也是个人成长、实现理想的关键因素。为了激发小读者的阅读兴趣,这套书中绘制了许多色彩明快的卡通风格的插图。不同于写实风格的照片,这些插图充满童趣和想象力,寄托了人类对于未来太空生活的美好追求,也表达了太空探索的无限可能。

这套书集故事性、知识性和教育性于一体,既有趣又充满爱心,鼓励小读者勇于探索、追求梦想,同时也强调了家庭的重要性和爱的力量,让小读者了解到即使一个小小的行动也能对他人和世界产生积极的影响。

让我们跟随土豆和他的狗狗们开始这场太空冒险之旅吧!

孙家栋:运载火箭与卫星技术专家,航天工程系统专家,中国科学院院士,"两弹一星功勋奖章"获得者,中国航天科技集团公司高级技术顾问,探月工程领导小组高级顾问,探月工程首任总设计师。

引 言

在这个快速发展的时代，人类对于未知的好奇和探索从未停止。而在这个过程中，探险家和航天员起着至关重要的作用。他们不仅需要具备高超的技能和丰富的知识，而且需要拥有非凡的勇气和坚定的意志。《我的妈妈是航天教官：航天员与探险家》一书将为我们揭示这两个群体所面临的挑战与困难，以及他们通过不断探索为人类认识世界所做出的巨大贡献。

这本书以一种极具趣味性的方式开启了我们对太空探索的认知。小主人公土豆突然向母亲表达了他对探险的向往，希望了解探险家与航天员这两个职业有什么共同点和不同点，探险是否真的适合他。他的家人们给予他极大的支持，引导他去思考怎样才能成为一名探险家。

从足球社团的体能训练到小小探险家的冒险经历，从洞穴探险到航天员与探险家心理训练的比较，从参加航天大赛的作品设计到睡前关机的抗噪声训练……每一个问题都引导我们去思考探险家和航天员必须具备哪些素质，以及他们如何面对挑战、克服困难。

在对这些问题的探讨中，我们不禁为土豆的机智、勤奋和勇敢喝彩。他为了成为一名职业探险家，加入了小小探险家协会，每天坚持早起、爬山、跑步，积极体验多种探险方式。他的经历告诉我们，只有通过亲身实践才能真正了解自己是否适合从事某种职业。

在阅读过程中，我们也将深刻地认识到探险家和航天员所面临的巨大挑战，而正是这些挑战成就了他们的人生，也使得他们的故事更加引人入胜，激励着更多的人去追逐自己的梦想。

角色介绍

土豆

    九岁，科技特长生，对学习之外的事情更感兴趣，喜欢探险、计算机编程、乐高积木和机器人。他的梦想是带着六只狗狗登上火星。

妈妈

    "满氪"一族，爱臭美。作为航天教官的她超级敬业，对待工作一丝不苟，在生活中也追求完美。最喜欢的东西是高跟鞋。

爸爸

    教授，虽然从小就是"学霸"，但对子女无比包容。孩子们的快乐就是他最大的快乐。最喜欢做的事情是种地。

姐姐

    航天员，小名叫喜鹊，从小就是人们口中的"别人家的孩子"，品学兼优。最喜欢做的事情是开战斗机和飞船。

目 录

1	足球社团	1
2	小小探险家	9
3	洞穴探险	17
4	他用假肢登上了珠穆朗玛峰	25
5	干沙盘与湿沙盘	34
6	脑波测试	42
7	航天创新大赛	53
8	睡前关机	63
9	游乐场里的大侠	71
10	沙漠驼铃响	80
11	敢不敢喝"尿"	90
12	太空划船	97
13	寻找翼龙	105
14	潜水员与潜航员	111
15	我拿冠军了	119
16	千里走单骑	128
17	逃逸滑道	135
18	攀岩	143
19	卡丁车与太空漂移	149
20	没有终点的比赛	156

足球社团

土豆

阳光灿烂的午后，小朋友们在绿草如茵的足球场上尽情挥洒汗水，欢快的笑声在热烈的空气中回荡。传球、射门、守门，我们在炎炎烈日下尽情奔跑，汗水浸湿了衣服，但脸上始终洋溢着快乐与满足的笑容。

踢球让我快乐、自信。其实，我在上幼儿园的时候就开始喜欢踢足球了。无数个夏日黄昏，妈妈都会带我去大学城的足球场上玩耍，那里有很多小朋友穿着鲜艳的球服，热情洋溢地追着足球跑，场面热闹极了。我总是迫不及待地加入他们，大家一起奔跑、捡球、抢球。足球让我和那些陌生的小朋友迅速建立了友谊，每场下来我都会交到新朋友。上小学后，体育老师经常组织我们全班同学进行足球比赛，男生一组，女生一组，有时还会选出一部分同学参加班级之间的友谊赛。与以前乱踢不同，老师会给我们讲解比赛规则，教授基本的运动技巧，并给我们的球队分工，设置有守门员、前锋、中场等角色。这让我们更加了解足球，也更加享受比赛的乐趣。

我最喜欢担任的角色是守门员，负责守护球门，防止对方进球。我可是同学们公认的金牌守门员，凭借着超快的反应速度、灵活的身手和出色的扑救能

力，在球门区筑起一道坚实的屏障，一次又一次抵挡住了对方的猛烈攻势。只要我在守门，我们队就一定能获胜。这个位置总是吸引着众多的目光和掌声，所以常常有其他同学羡慕我的位置。有一次，班里的一位同学非要和我换位置，他奔跑起来很快，是一名非常优秀的前锋，但他的反应相对较慢，担任守门员就显得有些力不从心了。最后，我们还是换了回来。老师告诉我们，在团队中每个人都有自己的定位，组建一支球队就像给病人开药一样，需要根据每种药的功效来搭配，让它们共同发挥出最大的作用。

除了体育课，学校还开设有足球社团。每天最后一节课，操场上总会有几支足球队热火朝天地踢球。我常常羡慕那些同学，很想加入他们的行列，但因为我不是足球社团的成员，只能眼睁睁地看着他们训练。我们学校的足球社团名声在外，进入门槛很高。因为社团老师和场地资源有限，球队人数控制得很紧。高年级已经有一支非常出色的球队了，对于我们低年级同学来说，想要入选就更加困难了。不过，即使不能加入社团，我对足球的热爱依然不变。我会继续努力提升自己的球技，等待机会的到来。

要想加入这个足球社团，需要通过选拔。体育老师会在平时的体育课上对同学们进行基础身体素质和足球技巧测试，测试内容包括速度、耐力、协调性，以及颠球、传球、射门等技能。老师会观察并筛选出体能突出、跑步速度快、球技娴熟、具有足球运动天赋的同学。除此之外，足球社团还会通过组织比赛来选拔新成员，让同学们参加分组对抗，观察他们在比赛中的实战表现和能力。表现特别优秀的同学可以通过老师的推荐加入足球社团，其他同学则需要通过考核才能加入。我们班上就有几位同学因为参加过其他足球队的比赛并取得佳绩，被特招进了足球社团。他们进入足球社团后，在老师的帮助下制订了训练计划。经过几个月的训练，他们将代表学校参加联赛。虽然这次我没有被选上，但体育老师告诉我，只要我的身体素质和足球运动技能有所提升，同时具备信心、耐心和决心，足球社团随时欢迎我加入。这让我充满期待，也更加热爱足球这项运动。

妈妈

学校开设足球社团，我举双手赞成！孩子们加入足球社团的方式多种多样，除了选拔、推荐和比赛，还有少量名额可以通过在网络平台上选课的方式获取，但这些名额十分紧缺，需要家长们的手速飞快。可惜我的手速不够快，与这个宝贵的机会失之交臂。虽然有些遗憾，但听了学校的选拔流程后，我心平气和地接受了这个结果。我也曾试图为土豆报名参加一个周末足球俱乐部，但他坚决拒绝了。他表示目前更喜欢和学校里的同学们一起踢足球，享受和大家一起拼搏的乐趣。

对于孩子们来说，爱好和能力是有区别的，而运动能力的培养是综合素质的提升。足球运动不仅可以锻炼孩子们的身体，还能培养他们的团队协作和沟通能力，帮助他们树立自信心，提升耐力和创造力。这些素质对于孩子们未来的学习和工作都非常重要。通过参加足球社团，孩子们可以结交更多志同道合的朋友，扩大社交圈子，了解比赛的规则和赛制，感受比赛的魅力，为他们未来参加各项比赛打下基础。更为关键的是，这个过程非常快乐，孩子们在轻松愉快的氛围中学习和发展，既提升了技能，又享受了运动的乐趣。

爸爸

土豆对学校足球比赛的精彩描述深深地吸引了我，于是我决定送给他一个新足球。在一个阳光明媚的周末下午，我们一起来到学校的开放足球场，我用仅有的一点足球运动知识指导他踢球。后来，我俩经常一起踢足球。在夜晚璀璨的路灯下，我们穿过热闹的人海，在运动场上尽情奔跑，即使玩到深夜也乐此不疲。微雨的周末，足球场上的人很少，但我们依然坚持比赛。虽然只是两人制的比赛，我们也严格按照比赛规则和战术进行。比赛结束时，我们全身都湿透了，但土豆的脸上洋溢着幸福的笑容。寒冷的冬天，我们也会偶尔踢一场球。四季更迭，土豆的个子长高了一些，皮肤更加黝黑，身体更加健壮。我们父子俩在足球场上一起奔跑、欢笑，感受彼此的陪伴和支持，这成为了我们的珍贵回忆。

姐姐

今天，我们在空间站上开展了一场别开生面的足球比赛。在太空中的失重环境下踢足球并非易事，所有的动作都像电影慢镜头一般。航天员和球都飘浮在空中，我们难以转身。为了固定身体，我们需要借助手部固定器，等待球飘过来后，再利用反作用力将它踢回去。为了让球尽量沿弧线运动，我们还得踢出奇妙的"香蕉球"，让球在空中旋转着前进，借助陀螺原理使它运动得更加稳定。在太空中踢足球不仅要适应失重状态，还要克服空气流通性差的挑战。我们需要时刻注意调整呼吸，保持空气流通。这场足球比赛让我们体验到了太空的独特魅力，也展示了人类对于探索未知领域的无尽好奇与勇敢尝试。

在空间站上，除了踢足球之外，我们还有许多运动设备，如太空自行车、太空跑步机、拉力器和太空划船机等。我们可以进行多样化的体育锻炼。有时，我们还会练习太空太极拳和打乒乓球，这些体育活动不仅可以帮助我们放松身心，也能增强我们对太空环境的适应能力，让我们以更好的状态投入新一轮的工作中。这些体育活动还为我们在太空中的生活增添了更多的乐趣。

太空之问　航天员的体质训练中有足球运动吗?

航天飞行是一项风险高且极具挑战性的职业活动。为了更好地完成这项任务,航天员需要保持良好的体能和旺盛的精力。因此,航天员的体质训练是至关重要的,它包括一般体质训练和特殊体质训练。一般体质训练旨在全面提高航天员的身体素质,包括耐力、速度、柔韧性、力量和灵活性等方面的训练。这些训练内容主要通过田径、游泳、爬山、形体训练、体操、健身操以及各种球类运动等方式进行。通过这些训练,航天员能够更好地适应太空环境,以最佳的身体状态完成航天任务。

特殊体质训练是为了提高航天员对航天环境的耐力和适应能力而设置的,它与航天环境适应性训练相辅相成。这些训练项目包括主动前庭功能训练、超重耐力辅助训练、缺氧耐力训练以及高温环境适应性训练等,旨在让航天员更好地应对太空环境的挑战。在地面的体质训练中,足球运动并不常见。足球运动需要较大的户外场地和多人参与,球员在奔跑中容易发生碰撞和摔伤,而航天员的训练注重安全性,尽量避免骨折、擦伤等,以免影响正常工作和学习。因此,在平时的训练中,教员们更倾向于鼓励航天员通过打乒乓球和羽毛球等方式进行锻炼。有意思的是,2018年在俄罗斯举办的世界杯中,揭幕赛用球是专门从国际空间站送回地面的。

航天员在开始运动之前会进行充分的热身和拉伸,以降低运动损伤的风险,提升运动效果。热身可以帮助身体逐渐适应运动的强度和节奏,拉伸则可以增强肌肉的柔韧性和关节的灵活性。在运动结束后,航天员会慢慢地停下来,再次进行拉伸和放松,以帮助身体恢复并减轻肌肉酸痛。同时,他们还会及时补充水分和休息,以保证体内的水分平衡和能量恢复。这些措施有助于航天员保持良好的体能状态,为航天任务的顺利完成打下坚实的基础。

2 小小探险家

土豆

明天就是我最喜爱的周日啦！这一天，我会和一群小小探险家聚在一起，开始我们神奇的探险之旅。

我们的探险领队海米的年纪和我的妈妈差不多，但她在我们的心中可不仅仅是一位长辈，更是我们的好伙伴。我们从不叫她老师和队长，而是亲切地叫她海米！海米是个很酷的探险家，她总是带领我们去各种神奇的地方探险。我们曾经一起开展野外生存、攀爬山峰，甚至在荒野中迷过路。别担心，海米总能教会我们利用地图和指南针找到正确的方向，还教会我们搭建临时住所，找到食物和水源。每次探险都是一段令人难忘的经历，充满了刺激与乐趣。

在探险过程中，我学到了许多实用的技能，比如如何在自然灾害中生存和逃生，以及如何应对危险和保护自己。海米还教导我们要保护自然环境，尊重野生动物，这些都是非常重要的知识。我非常喜欢和小伙伴们一起探索未知，也喜欢海米带我们去的每一个神奇的地方。对于明天的探险，我充满了期待，相信一定会有更多的精彩等待着我们！

第二天早上，大家集合后一起乘大巴车前往探险基地，路上海米带着我们

做自我介绍。海米超级活泼开朗，也很勇敢善良。小伙伴们都非常厉害，每个人都自信满满，向大家展示自己的才艺。有的唱歌，有的讲故事，有的表演相声，有的表演魔术。我还听到一个小哥哥讲述他和他家狗狗斗智斗勇的故事，让人忍俊不禁。其实我也有一些才艺，比如诗朗诵、口技、打鼓和街舞，但每次轮到我展示的时候，我总是特别害羞，只是简单地介绍一下自己就躲起来了。海米总是鼓励我多说几句。随着现场气氛越来越活跃，我和大家慢慢熟悉起来，不再像一开始那么拘谨了。

我们的探险真的太有趣了！我们总是前往各种不同的地方，有时是野外生存挑战，有时是山区徒步探险，有时是在迷失方向的荒野中寻找出路。不仅如此，我们还开展寻宝探险、森林冒险和洞穴探险，甚至前往沙漠进行救生训练！

记得有一次我们去攀爬雄伟的长城，寻找野生动物的足迹，还找到了化石，真是太酷了！我们还勇敢地前往未知的区域，学习如何应对自然灾害，就像真正的冒险英雄一样！

在这些探险活动中，我学到了许多酷炫的技能。现在我可以熟练地搭建临时住所，找到食物和水源，使用地图，利用指南针辨别方向。遇到困难时，我也能克服疲劳和饥饿。如果遇到洪水和森林火灾等自然灾害，我知道该如何逃生。

在寻找宝藏和神秘物品的过程中，我学会了解答谜题和克服障碍。要是遇到猛兽或陷入沼泽，我也知道如何面对危险并保护自己。这些探险经历让我变得更加勇敢、机智和自信。

对了，探险也让我懂得了要保护自然环境，尊重野生动物，还有掌握生存技能的重要性。我们每个人都应该成为保护环境的小卫士，与动物们和谐共处，同时还要学会各种生存技巧，这样我们在探险时才能更加勇敢无畏。

我经常用智能手表记录我们在探险活动中走过的步数，竟然从来没有少于一万步！而最夸张的一次，我们在一天之内竟然徒步走了三万八千步！虽然累得筋疲力尽，但小伙伴们相互鼓励、互相支持，通过团结合作克服了一个又一个困难，最终安全返回。这些经历让我懂得了友情与团队协作精神的重要性，也锻炼了我的毅力和耐力。

妈妈

我是一名初入探险领域的新手。虽然我参与探险的次数并不多，但我的内心一直非常勇敢。我的周围有很多杰出的探险家朋友，他们的故事深深地感染了我，激发了我对探险的热情。我有一个梦想，那就是将土豆培养成一名出色的探险家。他从小就表现出胆大心细的特点，喜欢挑战各种有难度的游乐项目，如攀岩、飞车、轮滑、滑板、蹦床等。随着他渐渐长大，这些室内项目已经无法满足他探索未知世界的渴望，我开始尝试引导他参加户外探险，让他感受大自然的魅力与挑战。

在我的心中，探险不仅是一次次旅行，更是一次次发现和改变。中国历史上有许多勇敢的探险家，他们跋山涉水，用自己的亲身经历讲述了许多传奇故事。郑和下西洋探索了太平洋西部和印度洋的广大区域，张骞出使西域开辟了著名的丝绸之路，班超远征成功地打通了通往西域的路线，玄奘游历了印度、尼泊尔等地区寻找佛教真籍，高僧鉴真东渡日本传播唐朝文化，徐霞客游历了很多地方，记录下各地的地理风貌和人文历史。这些探险家的英勇事迹不仅展示了中华民族的勇敢和智慧，也为我们后人留下了宝贵的历史文化遗产。

现代探险领域丰富多彩，涵盖自然、文化、极限运动、城市和旅游等多个方面。在户外活动中，人们可以选择徒步、登山、自驾、飞行、潜水、跳伞、滑雪等方式去探索未知领

域。此外，科学考察、历史考古、寻找化石等研究活动也是探险的重要组成部分。在极端环境下进行探险，如穿越沙漠、攀登高山、跨越河流、横渡海峡等，更是对探险者的生理和心理极限的挑战。通过不断挑战自我、超越自我，探险者不断拓展与丰富自己的视野和经验，成为更加完整和全面的人。中国有许多顶级探险家，如刘雨田、宗同昌、夏伯渝、金飞豹、张长义、张树鹏和王争等。他们是我的榜样，我希望有一天也能像他们一样拥有自豪的探险经历。

爸爸

虽然我的工作很少涉及探险领域，但我会组织一些拓展活动，通过户外体验来增强团队的凝聚力和合作能力。虽然这些活动的风险较小，但我会委托专业机构或教练设计合适的拓展项目，以确保活动的安全和顺利进行。沙漠探险是一项令人印象深刻的活动，我们需要面对高温、干旱、缺乏水源和食物等极端条件，以及疲劳、迷失方向和野生动物袭击等挑战。在沙漠中，我们需要利用生存技能寻找水源和食物，搭建临时住所，保持体力和乐观态度，克服各种困难。同时，我们还需要遵循探险伦理和安全原则，注意保持环境卫生、减轻负重、低调行事，避免破坏自然环境。沙漠探险需要勇气、毅力和智慧，是一项需要谨慎和周密计划的探险活动。在我的女儿喜鹊还小的时候，因为工作繁忙，我只带她走过位于河北的怀来沙漠。等土豆长大一些，我计划利用长假带他穿越塔克拉玛干沙漠，听说那里的景色非常美丽。相信等我们出发的时候会有更好的保障条件，确保我们的探险活动更加安全、顺利。

姐姐

　　今天，我荣幸地收到了地面指挥部的邀请，成为了一名深空探险家，去探索太阳系的奥秘。作为一名深空探险家，我将致力于开展宇宙学、天文学、生命科学、地质学等科学研究，并接受技术知识、飞行操作、紧急救援、心理调节等方面的训练，以便更好地完成科学实验、设备维护和紧急救援等深空飞行任务。同时，我也将向公众传递关于太阳系和更遥远的宇宙的知识，增强和提高人们对太空探索的兴趣和认识。

深空探险是一项充满勇气、毅力和智慧的冒险活动，但我相信作为探索者，我们将不断挑战未知，为人类的发展贡献力量。我也期待未来能够尝试更多领域的探险活动，不断探索宇宙的奥秘，为人类探索太空的伟大事业贡献自己的一份力量。

太空之问　深空探险家与航天员有什么区别?

　　深空探险不仅是一项科技活动，更是一项需要勇气、毅力和智慧的冒险活动。深空探险家和航天员虽然都从事与太空有关的工作，但他们的职责和任务各有不同。航天员需要接受严格的航天训练，在太空环境下执行各种任务，面对太空环境下的挑战和危险。而深空探险家则需要面对更加极端的环境，缺乏资源和支持，需要具备过硬的探险技能，以应对可能出现的危险。目前所说的深空探险家主要是指地外行星航天员，他们的主要任务是探索地球之外的其他行星。

　　无论是深空探险家还是航天员，他们都需要具备很强的团队合作能力和交流能力，与其他队员紧密合作，共同完成任务，确保安全。他们的贡献对于人类探索宇宙有着至关重要的意义，让我们向他们致以崇高的敬意!

3 洞穴探险

土豆

今天又是一个周日，身为小小探险家的我即将踏上彩虹洞的探险之旅。一大早，我备齐了探险装备，其中包括指南针、地图、饮用水、食物、药品、帐篷、小刀、打火机、雨衣、橙色连体服、头灯、安全帽、救生绳索等。经过两小时的车程，我们终于抵达一座山的脚下。

领队海米告诉我们，彩虹洞位于半山腰，需要攀爬一段陡峭的山路。山路崎岖，好几次我都差点失足滑落！于是我改为猫着腰前行，保持重心稳定，结果很快就超越了许多队友。到了中午，我们找到一处平坦的地方烧水吃午饭。饭后，我们继续前行。几分钟后，海米指着一个被树木遮蔽的路口说，转过这个路口就能看到洞口了。

进入山洞前，我们都戴上了安全帽，因为洞内空间狭窄，还有许多蝙蝠在此栖息。我们小心翼翼地走进山洞，里面漆黑一片，静谧无声。我们打开探照灯，顿时照亮了洞内的景物。海米告诉我们，这个洞是几年前被一位女探险家发现的，由三个不同的洞穴群组成。

刚走几步，就有人发现了蝙蝠。我注意到一只蝙蝠倒挂在洞顶，翅膀紧贴

着身体，像一块灰色纸片。它那短小的耳朵似乎在倾听周围的动静。我屏住呼吸，生怕打扰它。在这个漆黑的洞穴中，它安静地悬挂在那里，给洞穴增添了一丝神秘感。

我们继续深入洞穴，发现了许多反重力生长的卷曲石，它们形成了各种奇特的石柱和石塔。我紧跟着队友，小心翼翼地摸索前方的道路，用手触摸岩石的表面，感受它们的粗糙和坚硬。随着我们不断深入，洞穴越来越狭窄，我们需要匍匐前进。我的身体紧贴着地面，膝盖和手肘摩擦着岩石，发出轻微的声响。

终于，我们来到了一处全新的景观——"天锅煮星"。洞顶上有一块巨大的碳酸盐沉积物，看起来像一口巨大的锅。我们观望了一会儿，然后继续前行。这次爬行的时间更长，巨大的钟乳石滴着水，洞穴内越来越潮湿。最后，我们到达了"龙宫"。这是一个由巨大的流石和碳酸盐沉积物构成的区域，非常神秘。

虽然探险过程充满挑战，但幸好有小伙伴们的陪伴和支持，我们一起克服了一个又一个困难。这次洞穴探险让我深刻地体会到了团队协作的重要性，也让我更加勇敢和自信。

妈妈

航天员的生存训练是一项充满挑战的严苛任务，但通过训练，他们能够掌握大量的技能，做好充分的准备，以确保在太空中飞行的安全和成功。其中，洞穴探险训练是最具挑战性的项目之一。

今天，土豆第一次参加少年探险队组织的洞穴探险。看着他整装待发，我的内心充满了矛盾和焦虑，既为他感到骄傲，又难免有些担心。这些复杂的情绪交织在一起，让我难以用言语来表达。

我想象着他在漆黑的洞穴中探索，紧张的心情让我的呼吸急促起来。我能够体会到他对探险的渴望和热情，但又无法忽视可能存在的危险和挑战。这种担心像一把锋利的刀子在我的心中刻下了深深的痕迹。我掩饰着自己的不安，一路上鼓励着他，让他有信心和勇气去面对困难和挑战。我相信土豆能够克服一切困难，顺利完成这次洞穴探险训练。在探险过程中，他表现得特别勇敢。在下山的时候，他们采用了绳梯悬降的方式。他第一个报名，勇敢地滑了下来。在这个过程中，我看到了他内心的坚定和勇气，也看到了他对探险的热爱和追求。

在这支探险队中，我看到了几个小女孩的身影，她们勇敢无畏的劲头像极了十几年前的喜鹊。她们毫不畏惧困难和挑战，勇往直前，让人不禁感慨孩子们的勇气。

多年前，喜鹊也参加过洞穴探险。那一次，她进入了洞穴内的未知区域，在极端环境下开展训练和测试。虽然她的体力很好，但她毕竟是个女孩子，我还是很为她担心的。好在她接受了更为专业的训练，得到了更全面的保障。

喜鹊与土豆不同，她在探险前总会做好充分的准备。她在家里查阅了大量相关资料，采购了必要的装备，还进行了有针对性的身体锻炼。她非常细心，出发前总会仔细检查每一件装备，确保安全可靠。在进入洞穴时，她会选择一个最佳的进入点，并根据地形与环境选择合适的装备和行进方式。她比较谨慎，总是小心翼翼地前行，尽量避免破坏洞穴内的生态环境。

洞穴内的环境复杂多变，喜鹊在探险过程中时刻保持警惕，注意观察周围环境的变化。她会使用手中的工具进行探测和采样，记录下每一个发现和每一刻的感受。她的探险过程非常严谨和科学，每一个步骤都经过了仔细的规划和考虑。

在探险结束后，喜鹊会对整个过程进行整理和总结，还会写一份长长的探险报告。她通过这种方式不断积累经验，为下一次探险做好更充分的准备。我敬佩她的勇敢和细心，也为她的成长感到无比的欣慰。

爸爸

今天未能参加土豆的探险训练，我的心中难免有些遗憾。我深深地敬佩探险家的勇气、决心和贡献，从他们身上获得了一些启示和动力，去面对自己生活中的挑战和机遇。在我看来，探险家是非常勇敢的人，他们愿意挑战自己的极限，面对未知的危险。他们不仅具备勇敢的品质，还拥有专业的知识和技能，能够应对各种复杂的环境。

喜鹊作为一名深空探险家，土豆作为一名小小探险家，他们似乎拥有超凡的能力和决心，能够征服险峻的山峰，穿越茂密的丛林，探索深邃的洞穴。然而，探险家也是普通人，他们也会面临恐惧和不安，需要克服各种危险。

我因为出差而错过了和土豆一起参加洞穴探险的机会。想到他勇于探索的精神，我的心中充满了期待。希望下一次探险时，我可以和他并肩作战，共同面对未知的挑战，体验探险带来的刺激和成就感。

姐姐

    今天，土豆从地面上给我发来一封电子邮件，附件是他在洞穴里探险的照片。看到这些，我不禁怀念起自己参加洞穴探险的时光。

    记得有一次我们在洞穴探险的过程中遇到了困难，差点出不来。在漆黑的洞穴中，我们的小分队迷路了，与大部队失去了联系。洞穴内没有手机信号，我们只好小心翼翼地前行。突然，我们感到一阵强烈的震动，整个洞穴都在颤抖。我们紧紧地抓住岩石，以免被震落下去。

就在我们感到绝望的时候，一道耀眼的光芒出现在前方。它像一道救命之光，让我们看到了希望。我们不顾一切地向光芒奔去，希望它可以带领我们脱离这个黑暗的洞穴。在奔向光芒的途中，我们遇到了许多困难。我们需要爬上陡峭的岩石，穿过狭窄的通道，甚至需要游泳穿过深水区。面对每一个挑战，我们都拼尽全力，始终没有放弃。

终于，我们到达了洞口，看到救援人员在外面焦急地等待着我们。那一刻，我感受到了生命的脆弱和珍贵，也体会到了勇气和坚定带来的力量。这次洞穴探险的经历让我更加珍惜生命，也让我明白了勇敢面对困难的重要意义。

太空之问　航天员为什么要开展洞穴探险？

航天员进行洞穴探险的任务主要包括四个方面：科学研究、生存训练、心理疏导和技能训练。洞穴探险作为一种特殊的任务形式，可以帮助航天员提升身体素质、技能水平和应对能力，为未来的太空探索任务做好充分准备。

在科学研究方面，航天员可以对洞穴内的独特环境和资源进行考察，比如对洞穴内的微生物、地质构造和地貌等进行研究。这些研究成果可以为未来的月球和火星洞穴探险提供宝贵的经验。

生存训练是航天员在洞穴探险中需要面对的重要一环。在洞穴内，航天员需要学会寻找食物和水源，制造必要的工具，以提高在极端环境下的生存能力。

心理疏导也是洞穴探险的重要任务之一。在神秘而又美丽的洞穴环境中，航天员可以放松身心，减轻压力和焦虑，增强心理素质。

此外，技能训练是洞穴探险不可或缺的一部分。通过攀爬、穿越等训练，航天员可以增强身体素质，提高技能水平，为未来的探索任务做好身体准备。有时，洞穴探险还需要不同国家的航天员共同参与，帮助他们掌握国际合作的方法，为太空探索领域的国际合作打下基础。

4 他用假肢登上了珠穆朗玛峰

土豆

我有一个登山梦，最近常常攀爬的山峰有香山、百望山和笔架山。每当登顶成功，我都会站在山顶俯瞰脚下的世界，仿佛置身于云端，心中充满成就感。

第一次攀登香山，是爸爸陪伴我登顶的。我当时真的以为自己爬上了珠穆朗玛峰。站在山脚下，我仰望着高耸入云的山峰，心中充满了期待和不安。在爬山过程中，每一步都像在攀登悬崖，手脚颤抖，身体疲惫不堪。爸爸的感冒刚好，爬山对他来说也很吃力，他只是拉了一会儿我的手，无法抱我前行。然而，我并没有放弃，坚持爬过了一个又一个障碍，终于到达了山顶。这时，一股清新的凉风迎面吹来，仿佛整个人都得到了净化。周围的树木茂盛，阳光透过树叶洒在地面上，形成一片片斑驳的光影，让人感到无比宁静。

站在山顶上，我可以看到很远很远的地方，山下的城市、田野、河流都变成了一个个微小的图案。此刻，我仿佛置身于空间站，在广阔的太空中遨游，心中充满了欣喜。

周六，在去科技社团的路上，我和小伙伴兔兔聊着登山的话题。这时，妈妈把手机递给我们，让我们看夏伯渝爷爷登山的视频。我和兔兔惊呆了。夏爷

爷在26岁时失去了两条小腿，47岁时又罹患了淋巴癌，却在69岁时成功登顶珠穆朗玛峰，活成了真正的奇迹。

他每天早上5点起床，坚持做俯卧撑和仰卧起坐，然后骑自行车前往香山脚下，开始攀登香山。这让我感到震惊，因为我在现实生活中很少看到残疾人，更何况是装了义肢的残疾人。登山对于膝盖擦破皮的人来说都是一件困难的事情，他究竟要克服多少困难和挑战啊！

我向妈妈提议第二天早上5点起床去爬香山，体验一下夏爷爷的感受。5点起床对我来说是个不小的挑战啊！尽管有些困难，但我还是决定尝试一下，向夏爷爷学习，勇往直前，不畏困难。

第二天，我真的在5点起床了。虽然爬的不是香山，而是位于北京延庆的石青洞，但我依然充满期待。经过近两小时的步行，我们终于来到了石青洞。一进入洞内，我就被神秘的环境吸引住了，仿佛进入了一个奇妙的世界。

我和小朋友们兴奋地观看着钟乳石，不时发出惊叹声。老师向我们讲解了孔雀石的形成过程和特点，让我们寻找这种像宝石一样的绿油油的石头。我瞪大眼睛，在布满青苔的岩石上仔细寻找，生怕错过任何一块美丽的孔雀石。很快，有几个小朋友兴奋地大喊："我找到了，我找到了！"

受到他们的鼓舞，我更加努力地寻找，终于找到了一块非常漂亮的孔雀石。我高兴得手舞足蹈，急忙跑到领队海米面前展示自己的战利品。海米微笑着点头，赞赏我的发现。这一刻，我感到无比自豪。

妈妈

大自然是一所没有天花板和围墙的学校，蕴藏着无穷无尽的乐趣与知识。在北京的晚秋时节，如果不去香山欣赏一场红叶盛宴，那就相当于错过了一场从淡红到暗紫的曲水流觞。站在山脚下，抬头仰望，山坡上的红叶在微风中轻轻摇曳，仿佛在为你跳一支优美的舞蹈。而当你攀登上山顶俯瞰下方时，那片片红叶犹如火焰，在阳光的照射下闪闪发亮。

年少时爬香山，觉得路远；年纪渐长后爬香山，觉得心累。后来有了小孩，陪他们爬香山，突然觉得每一处风景都很美妙。以前看的是远方，而现在看的是脚下。

最近一次爬香山，我和土豆一起体验了探险的乐趣。土豆的好奇心很强，他对未知的环境和领域总是充满探索欲望。在登山过程中，他发现自己能够克服许多困难，这给他带来了巨大的成就感。

接触大自然，欣赏美丽的景色和各种动植物，让土豆更加热爱自然。他并不急于快速登顶，而是会停下来欣赏一片红叶，聆听小鸟叽叽喳喳的叫声。在路上，他还结交了一些同龄的小伙伴，他们一起分享新鲜事，增添了许多欢乐。

坚持一段时间后，我发现土豆的体能有了明显的提高，有时候他一天走两万步也不在话下。这不仅让他更加健康，也锻炼了他的毅力和耐力。看着土豆在登山过程中不断成长，我深感大自然的神奇，以及户外探险对孩子成长的积极影响。

除了爬香山，我偶尔也会带土豆去爬百望山。这座山较低，慢慢攀爬用不了一小时就能登顶。山顶上有一座佘太君庙，我常常在庙里给土豆讲述杨家将的故事，让他在欣赏美景的同时也能受到传统文化的熏陶。

最近，土豆不再满足于爬一些景区内的山，而对探索矿物产生了浓厚的兴趣。每到周末，他都会带上装备，化身为小小寻宝匠，和探险队一起去郊外的矿山寻宝。在探险过程中，他学会了很多关于岩石的知识，掌握了地质锤的使用方法，还了解了成矿原因和矿床构造。这种动静结合的探险方式让他领略到了最美的风景，也让他在探索中不断成长。

爸爸

我小时候对爬山和寻找矿物有着浓厚的兴趣，但随着工作日益繁忙，运动越来越少，身体像手机电量不足，常常感到疲惫。喜鹊的出生让我重新焕发了活力，但是等喜鹊长大一些后，她的学习任务愈发繁重，我和她的互动多在学习方面。最近土豆很喜欢爬山，让我有了施展力气的机会，仿佛给自己重新充了电。

前几天，土豆去探险，带回了一些"土疙瘩"。他兴奋地告诉我这是他辛苦挖回的宝石。我看了看，并没有发表意见。当看到微信群里其他小朋友发来的光彩夺目的矿石照片时，土豆有些不自信。我决定帮助他发现孔雀石的美丽，于是找来一盆水，帮他给"土疙瘩"洗澡。不一会儿，那些孔雀石就散发出了耀眼的光芒。那一刻，我看到土豆的眼睛里闪出了一道光。

孔雀石含有铜元素，在潮湿的土壤中容易发生氧化反应。这些反应导致孔雀石表面形成了绿色的氧化物。当孔雀石被挖出来暴露在空气中时，表面的氧化物会继续发生变化，形成我们看到的"土"。清洗掉这些"土"后，孔雀石的真实面貌就会显露出来，铜元素在光线的照射下会反射和散射光线，使得孔

雀石表面呈现出迷人的光泽。这就是为什么清洗后的孔雀石显得特别明亮，让人惊叹不已。

姐姐

听说土豆最近迷上了爬山，还有了一位令人敬佩的偶像—— 一位仅靠一双义肢登顶珠穆朗玛峰的英雄。这让我迫不及待地想回到地面，亲耳听听这位英雄的传奇故事。在距离地面400多千米的空间站上俯瞰地球，和站在山顶上欣赏美景是截然不同的感受。太空中没有大气层的散射和折射，光线较暗，使得物体的细节和轮廓变得模糊，因此航天员看到的地球表面细节会受到一些限制。

　　古诗云：朝辞白帝彩云间，千里江陵一日还。在太空中，我穿越的不是长江，而是星河，但都是一日即达，在短时间内即可完成壮丽的旅程。透过舷窗，我眺望着蔚蓝色的地球，它像一块巨大的宝石，悬浮在浩渺的宇宙中。太阳能帆板闪烁着金灿灿的光芒，仿佛一把利剑，劈开了大西洋。尼罗河蜿蜒曲折，灌溉着两岸的土地，让沙漠变成了绿洲。塔克拉玛干大沙漠整齐划一，一望无际。在太空中，我看不到国与国的边界，只能看到大陆板块的轮廓。当飞掠祖国的上空时，我看不到长城，可能是因为它过于狭长，在太空中并不容易辨认。我能看到北京的轮廓，却看不清高楼、街道。当我飞过一片乌云的上方时，看到的不是一道闪电，而是成片成片的闪电，如烟花一般绚烂，此起彼伏，连绵不绝。当我飞越战火纷飞的国度时，炮弹在我的眼中化为一股又一股黑烟，突兀地出现在我的视野中，而又瞬间消失。

我小时候读过一句诗"会当凌绝顶，一览众山小"。此刻，我想把这句诗改为"会当凌云处，一览众山平"。虽然飞到太空中，我依靠的是航天器，并没有耗费太多体力，但为了能够更好地适应太空的恶劣环境，我做了很多年的准备。我不仅爬了很多座山，而且参加了很多体质训练。

太空之问　航天员的体质训练与登山运动员的训练有什么不同？

航天飞行是一项充满挑战的高风险职业活动，工作环境特殊，任务艰巨，责任重大，影响深远。因此，航天员的选拔和训练必须全面、系统、科学、严格。航天员的体质训练是提高和巩固身体素质、增强抗病能力、适应航天环境的重要方法，同时也能帮助航天员培养良好的心理素质，保持旺盛的精力，完成其他各项训练。体质训练贯穿航天员训练的全过程，每周进行两三次，每次约两小时。通过科学的训练方法，航天员将以最佳的身体状态迎接航天飞行的挑战。在航天员的团队拓展训练中，也会适当开展登山活动。

与航天员的体质训练不同，登山运动员参加训练主要是为了适应地球环境，他们需要增强耐力、力量和适应能力，以应对各种地形和气候条件的挑战。

尽管两种训练方式有所不同，但二者都能够提高人的适应能力和健康水平。无论是航天员还是登山运动员都需要通过科学的训练，让身体达到最佳状态，更好地应对各种挑战。

干沙盘与湿沙盘

土豆

我对沙子有着深深的热爱。记得小时候，妈妈常常带我去商场的沙子乐园玩。那时候的我被沙子的神奇魅力所吸引，一玩就是好几小时。对此，爸爸曾经不太理解，他觉得玩沙子哪里需要花钱。后来，妈妈为我购买了许多玩沙子的工具，如塑料小车、小铲子、水桶等。于是，我就在小区楼下的沙堆里尽情地玩耍。

每当捧起一把沙子，我都能感受到细腻的沙粒滑过指尖的感觉，这种美妙的触感让我心生欢喜。我会用指尖在沙子上画出各种图案，这种探索过程带给我无尽的快乐。沙子让我感到自由、舒适，同时也锻炼了我的动手能力和创造力。

有时，我会往沙盘上浇水，让沙粒之间的黏合力增强。当水与沙子融合时，沙盘便呈现出一种独特的质感，既柔软又坚韧，给人一种奇特的触感。我会用心感受这种触感，仿佛在聆听沙子诉说它的故事。

妈妈也会组织我和其他小朋友一起完成一个沙盘作品，那是一种充满乐趣的活动。我们一起挖掘、搬运、堆砌沙子，沙盘逐渐呈现出惊人的画面。在这个过程中，每个小朋友都是创造者，都有自己的角色。每一次合作都让我感受到团结、合作、创造与共享的快乐。然而有时，一些小朋友会破坏游戏规则，让场面变得混乱。这让我感到些许失望和困惑，但我明白这也许是成长的一部分，是我们在共同经历中不断学习、调整和进步的过程。

在家里玩沙盘游戏是一种别样的体验。冬天外面寒冷，我和妈妈在家里用一个大木盒子和几箱塑料玩具打造了一个沙盘世界。这个沙盘游戏不同于在沙子乐园的玩耍。每次开始之前，我都需要一个明确的想法和创作场景。我会根据自己的想象为沙盘添置各种摆件，制作出一个独特的场景。完成作品后，我会和妈妈分享我的想法和目的，妈妈则会用心记录下这些内容，做成一本小小的手册。

有一次参加校外军训时，我遇到了一个不友好的小朋友，感到很委屈。回来后，妈妈让我用沙盘再现当时的场景，我用沙盘上的士兵、枪炮和堡垒来表达自己的愤怒和不满。妈妈接纳了我的情绪，并和我一起在沙盘上重新布局，寻找和平解决方案。这个过程给我留下了深刻的印象，也让我学会了更好地处理情绪。

沙盘游戏不仅让我感受到了创造的乐趣，也让我在和妈妈的互动中学到了许多心理学知识。这个游戏成为我们母子之间沟通的桥梁，让我们更加了解彼此的内心世界。

在玩沙子的过程中，我看到了生活的影子。每一次合作都是团结与信任的磨砺，每一次规则的破坏都是对成长的探索与反思。沙子如同生活一样，充满了可能性和挑战。我体验到了快乐、挫败、团结与成长，这些体验在我的生命中留下了深刻的印记，陪伴我不断前行。

妈妈

在喜鹊小时候，我常常陪伴她进行心理沙盘训练。在那安静而温馨的室内，她会小心翼翼地抓起沙子，轻轻地放在沙盘上，创造出独特且富有想象力的场景。她能够耐心地投入时间，细心地创作自己的作品。她追求完美的态度让人感动。她懂得与他人合作，愿意倾听他人的意见，共同完成复杂的任务，展现出突出的团队协作能力。在面对困难和挫折时，她能够自我调节情绪，保持积极的心态，并从中学习。她的坚韧和勇气让我引以为傲。在沙盘游戏中，她能够保持高度的专注，不被外界干扰。这种专注力让人惊叹。

土豆在进行沙盘训练时，需要大人陪伴。他用小手不断地改变沙子的形状，有时还会改变我放置沙盘的位置，充满了好奇和探索欲望。有时，他会把沙盘摆得满满当当，那里有美丽的海滩、高大的山峰、可爱的小动物等，充满了童真和创意。我有时会静下心来，等到沙盘训练结束后询问他每一处设置和改变的意义。经过他的解读，我发现他只是想用他的方式表达对我的爱。这让我感动不已，也让我更加关注他的内心世界。当我向他解释我摆放物品的理由后，他似乎开始愿意从我的角度考虑问题了，开始有了一点界限感。沙盘游戏不仅让我和土豆的关系变得更为融洽，也让我们母子之间的冲突越来越少了。通过这个游戏，我们更加了解彼此，也更加珍惜彼此的陪伴。

爸爸

　　沙盘训练是一种非常有趣的游戏方式，它可以让孩子在游戏中自由地表达自己的情感和想法，促进孩子的心理发展和成长。这种游戏方式可以让孩子得到放松，缓解压力，提高心理健康水平。我非常支持孩子参与沙盘游戏，相信这会对孩子的成长和发展产生积极的影响。

姐姐

为了在太空中缓解心理压力，我们有许多方法。其中一种叫作综合性心理训练，通过模拟太空环境中的各种任务和挑战，提高航天员的心理稳定性和适应能力。我们需要在规定的时间内完成各种任务，如维修设备、做科学实验等；同时还要面对太空环境中的各种挑战，如失重、孤独、隔离感等。在这样的环境中，专业的心理支持显得尤为重要，包括心理咨询、心理治疗、心理疏导等。心理教员通过卫星电话与我们进行交流和沟通，了解我们的心理状况和需求，提供有针对性的支持和帮助。

此外，我们还学会了一些放松技巧，如各种呼吸法、冥想、瑜伽、太空太极拳等。这些方法可以有效地帮助我们缓解身心紧张，提高心理适应能力。在太空中，我们也会开展各种社交活动（如聊天、看电影、听音乐等），以缓解孤独和隔离感，加强彼此之间的联系和信任，增强团队的凝聚力和协作能力。

作为一名深空探险家，我深知不仅要承受身体上的挑战，还要应对心理上的考验。我接受了全面的心理训练，并定期进行心理测试，以便更好地了解自己的心理状态和应对各种状况的能力。在设计心理实验时，我会深入思考如何探究人在太空环境中的心理反应和行为表现，如何应对孤独、压力和长期隔离等挑战。这些实验结果将为我的心理学论文提供有价值的数据，帮助我更好地理解太空环境对人类心理的影响，为未来的太空探索提供参考资料。在太空中，我始终关注自己的心理状态，提升自己的心理适应能力和应对能力。我相信通过不断学习和实践，我将成为更优秀的深空探险家，也可以为地球上的人们提供更好的心理支持和帮助。

太空之问 航天员与探险家的心理训练哪个更具挑战性?

　　航天员的地面心理训练涵盖了多个方面,包括基础心理训练、专业心理训练、社交能力训练、心理调节训练以及危机处理训练等。在选拔航天员的过程中,心理教员会借助沙盘测试参选者的团队协作能力,这是航天员非常重要的素质。在空间站的任务中,航天员需要在长达半年的时间里默契配合。若没有良好的共情和感应能力,他们就很难坚持到最后。

　　航天员每次在执行任务之前都会进行乘组心理沙盘训练,以增强同一个乘组中航天员之间的同理心和信息传递能力。在这个过程中,教员会传递一种表示安全、温暖和接纳的信号,让航天员能够自由地表达自己的内心世界和情感体验。

　　沙盘训练不仅可以用于团队心理建设,还可以针对个人治疗各种心理问题,如焦虑、抑郁、孤独症、多动症等。通过沙盘游戏,参与者可以提高自我认知和表达能力,促进情感调节和行为控制,增强自信心。

　　对于探险家来说,在面对极端环境和挑战时,他们也需要具备良好的心理素质和超强的适应能力。因此,探险家会接受一系列有针对性的心理训练,如极端环境适应训练、团队训练和危机处理训练等。这些训练将帮助他们更好地应对探险过程中的心理挑战,保持良好的心理状态。

脑波测试

土豆

小长假来临，我们决定进行一次全家总动员，主题为"增进家庭感情，共创美好回忆"。不同于其他家庭选择的参观农场、游览公园和看电影等活动，我家选择了一个独特的项目——脑波测试。

早晨，妈妈带我去脑波测试中心。听说这可以提高我的睡眠质量和促进脑部发育，我充满了好奇。这是我第一次做这项测试，我看到一位小朋友的脑袋上贴满了电极，像个外星人，旁边还有一个通电的小仪器。我想，要是被电晕了，怎么办？我很害怕，坚决不同意做测试，甚至在地上打滚耍赖，后来躲到卫生间里藏起来。

妈妈见我如此抗拒，并没有强迫我。她决定自己先上去做一组测试。我站在门外，通过门缝偷偷地看着她的一举一动。她的表情平静而舒缓，在测试中竟然坐着睡着了，而且睡得十分香甜。测试结束后，妈妈告诉我一点也不疼，感觉像有人轻轻地抚摸着她的头部，像小雨滴滴答答地敲打着窗户，像外星人在给她发送神奇的电波信号。

听了妈妈的描述，我决定也试一试。工作人员拿出电极，像涂胶水一样

将凝胶涂在电极上，然后将电极粘贴在我的头皮上。我凑过去仔细地看了看，发现凝胶是透明的，又摸了摸，感觉凝胶比胶水光滑，并不粘手。电极会记录我的脑部活动，并将数据传输到计算机上。在二三十分钟的测试过程中，我需要保持安静，不能移动头部和身体。虽然时间对我来说特别漫长，但我还是坚持下来了。

测试完成后，我被带到游戏区玩耍，而妈妈和医生在隔壁讨论我的测试报告。我哪有心思玩耍，趁大人不注意溜过去，从门缝里偷听他们的谈话。

医生说，人的脑部就像一座神秘而宏伟的城堡，可分为多个区域，仿佛多个独特的房间。这些区域的发展就像城堡的建造过程，从一个到另一个，逐步完善。

打个比方，负责运动和平衡的脑部区域就像城堡里的厨房和卫生间一样，是最早发育完善的。这些区域可以为我们提供基本的生活功能，让我们能够在地球上稳稳当当地行走和做各种运动。

随着时间的推移，当我们进入学校后，负责记忆、识读、书写等功能的脑部区域得到发展。这些区域像城堡的客厅一样，是我们进行学习和交流的重要地方。

当我们成年后，语言表达能力、逻辑思维能力和倾听能力逐渐完善。负责这些功能的脑部区域就像城堡的书房一样，为我们提供了一个安静、私密的空间，让我们能够进行深入的思考和交流。

每个人的脑部发育都是独特的。如果某个小朋友的脑部发育稍微迟缓一些，可能会导致学习跟不上，身体发育比别人慢。

因此，我们要时刻关注自己的脑部发育状况，积极参加各种有益的活动，让脑部得到更好的发展。就像城堡的装修一样，我们需要不断呵护和发展自己的脑部，让它成为一座坚固而美丽的城堡。

为了让我的脑部得到更好的发展，爸爸妈妈制订了详细的计划，就像建筑师精心设计一座宏伟的城堡一样。我掐指一算，哎呀，暑假期间我可要忙得不可开交！就像城堡的建筑工人一样，我得遵循计划，按部就班地进行脑部训练。

妈妈

喜鹊的性情温顺，脾气好，身体健康，对新鲜事物充满好奇。土豆却与喜鹊截然不同，他对未知事物总是持怀疑态度，性格急躁，脾气大。

为了更深入地了解土豆，我带他去做了一次脑波测试。这次测试让我对他的脑部发育有了更深的认识，也找到了更为科学的教育方法。

许多教育家主张孩子的体能发育应优先于知识教育，这个观点我颇为赞同。然而，我觉得这一建议还不够全面。脑科学医生提出的观点让我眼前一亮，他们认为家长应根据孩子的脑部发育状况，提供有针对性的刺激和体验，以促进孩子的认知和情感发展。

我会为土豆提供多元化的刺激和体验，例如引导他尝试各类游戏，阅读丰富多样的书籍，参加不同的活动，等等。这样不仅能帮助他更好地认识世界，发掘他的兴趣爱好，还能促进他的脑部发育。

在和医生聊过后，我决定改变一些做法，就从现在开始！我会让土豆接触各种玩具、游戏、书籍和音乐，让他在各种活动中发展认知能力。我会注意他的饮食，保证他摄入均衡的营养，其中包括蛋白质、维生素和矿物质等。当然，我还会确保他有足够的睡眠，制定规律的作息时间表，让他每晚都能得到充分的休息。另外，我会带他一起运动，锻炼身体，提升心肺功能。这也对脑部发育有好处。我会尽量调整自己的时间，多陪伴他，和他一起做些有趣的事

（如阅读、做游戏、做手工等），让他感受到来自母亲的关爱。同时，我也注意自己的身体和心理健康，保持充足的睡眠、健康的饮食和适度的运动，这样才能更好地陪伴他成长。最后，我要营造一个温馨、安全的家庭环境，让土豆在充满爱的氛围中成长，树立自信心，获得安全感。

成功就像一个神秘的宝藏，隐藏在重重困难和挑战的背后。如果我们不去勇敢地寻找，那么这个宝藏就可能被错过，成功就会像缥缈的梦想，永远不能实现。

如果我们努力了，即使最终没有找到这个宝藏，也会获得宝贵的经验。所以，无论你做什么事情，都要勇敢地迈出第一步，不要害怕失败。失败是成功的好朋友，它会陪伴你一路成长，帮助你找到正确的方向。

在教育土豆的过程中，我也是摸着石头过河，小心翼翼地探索。每个孩子都是一颗独特的星辰，有着自己的光芒和轨迹。只要我们用心了解孩子，关注他们的需求、兴趣和特点，就能找到属于他们的那片星空。

爸爸

今天是家庭日，土豆的妈妈提出了全家总动员计划：保持充足的睡眠、健康的饮食和适度的运动。说到睡眠，我自信满满。和有些爸爸不同，我回家后从不沉迷于手机和游戏，有时间就早早上床睡觉。有时醒来难以再次入眠，我就会出去散步，走累了再回家睡。充足的睡眠让我的精力旺盛，工作和与人交往时都保持平和的心态。至于饮食，确实需要控制和调整。聚会虽多，但我会注意。以往我喜欢打篮球和游泳，暑假即将到来，我将和土豆一起重拾这两项运动，争取在开学后的运动会上取得傲人的成绩。这样的全家总动员不仅能增进感情，还能让我们更健康、更快乐！

姐姐

今天，土豆兴奋地和我分享了他做脑波测试的经历，他好奇地问我第一次测试时有没有在地上打滚。我笑了笑，告诉他我比他幸运，因为在他这么大的时候，妈妈还不知道可以给孩子做这样的测试。我第一次接触脑波测试是在参加航天员选拔的时候。

大家都觉得只要身体强健，心理素质好，知识渊博，技能高超，就能成为航天员。实际上，现在的航天员选拔非常注重脑力。在选拔过程中，有很多关于智商、情商和逆商的测试，其中包括脑波测试。我们称这套仪器为"深度催眠大师"。

在太空中，我们主要进行的测试是睡眠监测。每隔一段时间，我们就要按照规定进行监测，这些数据会传送到地面，地面工作人员会根据测试结果给出保健建议，并进行科学研究。如果哪位航天员的工作效率降低或睡眠质量下降，他就要接受睡眠监测。

马上就要进行监测了，我躺在睡眠区，做好准备。我想象着自己躺在一片洁白的云朵上，飘浮在美丽的星空中，妈妈迎面飘来，张开温暖的怀抱。周围安静极了，没有任何嘈杂的声音，只有我自己的心跳声和呼吸声。我的身体完全放松，肌肉不再紧绷，感觉不到任何外界的压力和负担。在睡梦中，我看到了我的家乡，那里有美丽的鲜花、绿色的草地、飞翔的鸟儿、游荡的小鱼、友好的精灵和温柔的天使……虽然在太空中深度睡眠的时间并不长，但对于健康和精神的恢复具有极其重要的作用。深度睡眠是人体健康的守护者，是精力充沛的源泉，也是心灵宁静的港湾。每一次睡眠监测对我来说既是一次考核，也是一次提升。

太空之问　航天员为什么要接受脑波测试和睡眠监测？

睡眠监测和脑波测试都是探索人类睡眠的有效手段，但它们的目标不同，方法各有特色。

睡眠监测主要关注人体的生理指标（如呼吸、心率、肌肉活动等），以此评估睡眠质量。这些数据通过专业设备记录下来，可以为我们揭示睡眠的秘密，帮助诊断各种睡眠障碍和疾病。

对于航天员来说，太空中的生活充满挑战。没有地球引力，日夜交替模糊，空气和水资源有限，这些都可能对睡眠产生影响。因此，定期的睡眠监测成为保障航天员身心健康、提高工作效率的关键。

脑波测试则更深入一步，它直接测量我们脑部的电活动，可以反映睡眠的不同阶段和状态。通过脑电图，我们可以分析睡眠的质量和深度。

脑波测试还能揭示人的认知、情绪、注意力等方面的状况。这种测试为我们提供了脑部功能区的活动情况，如控制睡眠和觉醒的脑干、控制情绪的杏仁核等。这些详细的数据不仅可以为医生提供诊断依据，还可以为神经反馈治疗和脑机接口技术的开发提供宝贵的资料。

总的来说，睡眠监测和脑波测试都是研究睡眠的重要手段，它们为我们打开了探索脑部奥秘的大门，也为我们的身心健康提供了有力的保障。

7 航天创新大赛

土豆

去年我参加了一项航天创新大赛，和一对双胞胎姐姐一起努力，最终获得了二等奖。这项比赛是针对中小学生开展的，比赛项目包括航天器设计、卫星载荷设计、太空实验设计等，非常有趣，而且充满挑战。

由于我们三个都是小学生，对编程还不太熟悉，所以我们选择了火星基地计划作为参赛项目。我们的任务是飞到火星上寻找生命。我担任工程师的角色，负责把我的狗狗带上火星。指令长的目标是保证三位航天员在火星上生活一年，载荷专家的目标是去火星上寻找水冰。

为了完成这项任务，我们制订了详细的计划。我们画出了思维导图和时间流程图，明确了每个阶段的具体任务和目标。然后，我们开始搜集家中的废旧材料，利用这些材料搭建了一个逼真的火星基地。

我们的火星基地包括总控台、量子雷达站、通信台、太阳能电池板、生活舱、动植物生态舱、火箭发射场、挖掘机、采矿机以及火星车等设施，简直就是一个真实的火星家园。

在这个过程中，我们遇到了很多困难。很多设备粘不牢，在搬运过程中散架了，但是我们没有气馁，重新购买了热熔胶，再用吸管和胶布重新固定。经过一个多月的准备，我们参加了初赛，进入了复赛，在决赛环节获得了二等奖。正是这个奖让我觉得成为航天工程师并不是一件难事。我常常幻想，与其历经千辛万苦，层层选拔航天员，不如变个魔术让我们三个小孩变成迷你小人在火星基地中生活。当然，这只是我的美好期待，希望有一天我们的作品真的可以被科学家借鉴，用于建设火星基地。通过这次比赛，我们不仅学习了航天知识，还锻炼了团队协作能力和动手能力。这是一次非常宝贵的经历。

比赛结束后，妈妈为了鼓励我，特意给我买了好几本书和几个模型，让我更深入地学习航天知识。她鼓励我下一年继续参加比赛，争取拿个第一名。妈妈的支持让我感到非常温暖和有力，我决定更加努力地学习和实践，为下一年的比赛做好充分的准备，力争取得更好的成绩。

在今年的比赛中，我有了新的队友，他们是可乐和兔兔，我们都在航天社团里学习。由于一个特别的原因，我先和可乐组队了。那天，老师让我们找队友，因为我的妈妈出差而无法帮我准备材料，所以我只好空手去。而可乐竟然带了满满两大箱子物品，准备制作一个行星基地。他比我大一岁，开始并不乐意和我组队。但我告诉他我可以设计一辆超级酷炫的冰刀车。于是，他跟我打赌，如果我在10分钟内画出冰刀车的图纸，就和我组队。我拿起铅笔，小心翼翼地画起来，生怕出一点错误。当我把画好的图纸展示给可乐看时，他非常高兴地接受了。我真的太开心了！

至于兔兔，她就更有两把刷子了，给我们详细描绘了行星家园的生活细节。她掌握的航天知识真不少，尤其是她想去太空遛鸭子的想法让我们大开眼界。她想设计一个活体生活舱和一台DNA编辑培育设备，在太空实验室里培育各种各样的小动物。这样，兔兔带着鸭子，我带着狗狗，两只小动物就不会感到无聊了。

在太阳系中，有几颗星球曾被认为比较适合人类移民，包括金星、木卫二、火星、土卫二、土卫六以及海卫一等。

　　这些星球各有特色，有的储备了丰富的水资源，有的拥有二氧化碳、氮气、氢气、甲烷或乙烷等丰富的气体资源。更令人兴奋的是，有的星球厚厚的冰层下可能隐藏着一个温暖的水世界，其中包含丰富的有机化合物和可能

存在的生命。

究竟哪颗星球最适合人类移民呢？这需要我们进一步探索和研究，根据不同星球的环境和资源条件，制订相应的移民计划。无论选择哪颗星球，我们都需要充分发挥自己的智慧和创造力，打造出一个适合人类生存和发展的新家园。

我们更渴望飞越太阳系的边界，探索更遥远的宇宙。50亿年之后，太阳的寿命将尽，人类必须寻找新的家园。此时，冥王星成为我们的理想选择。这颗位于太阳系边缘的星球的引力较小，却拥有丰富的水冰资源，非常适合作为我们探索宇宙的中转站。

尽管冥王星的表面温度平均只有零下230摄氏度左右，大气层稀薄，缺乏氧气等生命必需的条件，还要面对强烈的辐射、磁场和小天体撞击等自然现象，但我们有信心通过先进的技术和不懈的努力克服这些困难。

我们可以借助冥王星的水冰资源，为宇宙飞船提供燃料，延长我们的探索旅程。同时，我们也将研发出能够适应冥王星恶劣环境的技术和设备，为人类未来的宇宙探索提供保障。

飞出太阳系，寻找新的家园，这是人类对未来生存和发展的憧憬。

我们设计的冥王星火箭发射中心模型精妙绝伦，它主要由三部分构成，即火箭发射区、航天员生存区以及能源开采与储存区。鉴于冥王星的独特环境，我们只能将火箭发射区设置在地表，而其余两部分则深入地下。

我们的设计充满新意，其中几个亮点尤其引人注目。首先是冰刀车的设计，它巧妙地利用航天员在冥王星上生产的氢气和氧气作为燃料，将车轮替换为冰刀，能够在冰面上自由行驶，为能源开采和运输工作提供极大的便利。

考虑到冥王星距离太阳较远，无法利用太阳能发电，我们选择用核聚变反应堆提供电力。我们相信，这一创新设计可以让人类探索宇宙的梦想更加触手可及。

航天员生存区的设计更加周到细致，其中包括居住区、健身区、水循环区、植物培养区和科研区等多个功能区。其中，微质量人造黑洞的引入巧妙地模拟了地球上的重力环境，使航天员在冥王星上也能够感受到熟悉的重力，避免失重带来的不适。

这个方案的设计完善，足以保证三名航天员在冥王星上工作、生活10年。为了在发生危险时能够确保航天员的安全，我们还在岩石层中设置了一个航天员逃生舱。一旦遇到紧急情况，航天员就可以迅速乘坐逃生舱逃离冥王星。

在制作冥王星火箭发射中心模型的过程中，我们遇到了诸多困难。但面对挑战，我们并未退缩，通过查找资料和积极改进，克服了重重难关。

在我们的设想中，第一阶段，我们可以发射机器人，在它们的协助下开展建造工作。第二阶段，我们将增加居住舱和工作舱，为航天员提供舒适的生活和工作环境。第三阶段，我们将增设能源舱，以满足基地的能源需求。

在制作模型的过程中，我们意识到设计内容过于繁杂，影响了整体的美观。于是，我们果断进行删减，力求在美观与实用之间找到平衡。随后的多次改进不仅让冥王星火箭发射中心模型更加美观，其设计也更加合理。

从设计到完成所有工作，我们用了一个多月的时间。在此期间，我们还一起参观了航天博物馆。这段经历不仅让我收获了宝贵的友谊，更为我的航天探索之旅增添了色彩。

妈妈

航天创新大赛让我和孩子有了更多的交流和共同语言，这让我很开心。当我们这些成年人在思考几十年之后的世界是什么样子的时候，我们的下一代已

经开始思考50亿年之后的人类文明了。通往太空的路有千万条，这个比赛开阔了我的眼界，让我看到了未来航天更多的可能性。

如果你家也有一个小航天迷，他长大了想当航天员，你一定要鼓励他，帮他在小的时候培养多种爱好，学习各种知识。如果有条件，多买一些关于航天和其他科技的书籍，尽量让他参加一些比赛，因为只有实践才能出真知。如果小时候有实践的机会，他就有更长的准备时间。但是，我们也要引导孩子树立正确的观念，因为目前只有少数人才能成为航天员，他们需要经过千挑万选，需要经过很多年艰苦的训练，需要经历常人难以忍受的磨难。即使真的感觉这个梦想比较遥远，我们也不要气馁，因为我们还可以成为航天人。成为航天人并不难，只要爱科学、学科学、做科学，人人都有机会成为航天人，而且航天类专业非常广泛，几乎涉及我们生活的方方面面。

　　作为一位从事航天工作的妈妈，我也在不断突破。我希望有一天越来越多的孩子可以飞向太空实现自己的航天梦，越来越多的太空游侠可以在太空中自由驰骋，越来越多的太空玫瑰可以在太空中别样绽放。那时，我们就可以自豪地说，不要把成为航天员作为人生的终极目标，那只是人生的一个小目标。

爸爸

　　土豆参加航天创新大赛，我感到无比骄傲。回想起喜鹊小时候，我们曾经参加过航空模型比赛，当时还没有航天创新大赛。那时要成为一名航天员，必须先学会驾驶飞机。如今航天员的职业已经多元化，除了飞船驾驶员，还有航天飞行工程师和载荷专家等不同的岗位。

　　以前选拔航天员的要求非常严格，你只要有一点点身体问题就不能报名，现在即使戴着眼镜也有可能成为航天员。虽然我不能确定土豆长大后会像姐姐一样成为航天员，但他对科学的热爱让我特别支持他。

　　国家的建设不仅仅需要航天领域的人才，其他领域也需要有智慧、有能力的新一代。我希望通过参加航天创新大赛，土豆能够提高自己的表达能力、思考能力和团队协作能力。最重要的是，他热爱这件事，这就足够了。无论结果如何，我都会支持他追逐自己的梦想。

姐姐

航天员在空间站上的工作十分繁忙，但我们依然非常重视青少年的教育。我们计划在太空中开设天宫课堂，通过直播为孩子们授课。同时，我们还将与孩子们开展一项名为"天地共播一粒种"的活动。

另一个有趣的活动是"我们的声音上太空"，也就是将孩子们的声音带入太空，让他们感受到宇宙的神奇与广阔。也许这些声音还能够被外星人听到。

此外，天宫画展也是一项精彩的活动。这次，我们不仅带来了许多中国孩子的画作，还展示了非洲的10个国家参加"我们的梦想"绘画比赛的孩子们的优秀作品。

作为姐姐，我有一点小小的"私心"。我特意申请了一项"特权"，将土豆的一幅名为《我的航天梦》的画作带入了太空，与其他小朋友的作品一起展出。我相信，当他看到自己的画作在太空中展出时，一定会非常开心。

今天听说土豆正

在准备参加航天创新大赛的作品，真是太棒了！如果有机会再来太空，我一定会把孩子们设计的冥王星火箭发射中心方案带上来，让全世界的孩子们都能看到。也许再过20年，航天员就不仅仅是在空间站上驻留半年，而是乘坐星际飞船在整个太阳系中穿越。

太空之问　航天员和探险家也要画图吗？

　　航天员的基础理论课包括工业设计，他们需要学习相关的工程技术和科学知识，以便能够操作各种航天器和设备。在训练过程中，航天员需要学习各种技术文件和操作规程，如任务计划、飞行手册、操作指南等。这些文件通常以表格、流程图、设计图等形式呈现，因此航天员需要具备阅读和理解这些图表的能力。

　　虽然航天员通常不直接参与设计制图，但需要参与评估和验证设计方案，以确保设计方案的可行性和适用性。在执行任务时，航天员需要根据设计图和操作规程进行操作，因此设计图对于航天员更好地掌握操作技术规范和确保任务安全顺利地完成至关重要。

　　与此类似，手绘地图是探险家的一项重要技能。手绘地图可以帮助探险家快速记录地理信息，及时调整探险路线，发现新的路径和资源，为探险活动提供更多的选择。此外，手绘地图还可以帮助探险家更好地理解和记忆探险区域的情况，为后续的探险活动提供参考资料。虽然在现代探险活动中可以使用电子地图、北斗导航定位等现代技术手段进行地图绘制和导航，但手绘地图仍然在某些情况下具有独特的优势和用途，可以作为探险家的备选方案。

　　总之，无论是航天员的工业制图课还是探险家的手绘地图技能，都需要相关人员具备阅读和理解图像与图表的能力，这对于顺利完成任务和探索未知领域至关重要。

8 睡前关机

土豆

当我还是个小宝宝的时候，我喜欢听故事，故事总能满足我对世界的好奇。通过聆听，我能察觉到周围环境中的各种事物。鸟儿的叫声、汽车的轰鸣声、人们的说话声等像一扇扇窗户，让我了解到外部世界的丰富多彩。

不仅如此，仔细聆听声音的变化还能帮助我识别不同物体的运动状态。水流声、风声、心跳声等每一种声音都有其独特的韵律和节奏，它们仿佛在诉说着自己的故事。所以，听声音成了我认识世界的一种独特方式。

和家人一起聆听声音，更是一种充满温情的享受。每当夜深人静之时，一家人围坐在一起，静静地聆听这个世界的声音，我能感受到极大的安慰和放松。聆听的过程仿佛在我们之间建立了一条无形的纽带，增进了彼此之间的亲密关系。

更重要的是，听声音还能帮助我学习发音，为我打开了学习语言的大门，让我能够更好地表达自己，与世界沟通。

我在8岁时开始尝试独立行动，不再依赖大人。我会一个人照料狗狗，和小伙伴在小区的游乐场里玩耍，或者骑自行车去小区内的礼堂看动画片。除非有我特别喜欢听的故事，否则我会远离喧嚣的环境。

妈妈喜欢安静，但有时在送我上学的路上会放音乐。我常常建议她关掉音乐，因为我觉得那些音乐的声音太吵闹，难以忍受。妈妈曾怀疑我的听力有问题，比如对某些频率的音调不敏感。然而经过检查发现，我的听力完全正常。

后来，妈妈有了个新的想法。她带我去音乐教室，让我学习一种乐器。我看了看钢琴，觉得周围的女孩子都弹得非常好，我现在才开始学的话，肯定比不上她们。我又摸了摸小提琴，觉得那几根弦太细了，万一拉坏了，修起来一定很麻烦。最后，我坐在了架子鼓边的椅子上。这套设备看起来非常酷，有低音大鼓、踩镲、小军鼓、嗵嗵鼓、吊镲、踏板和鼓棒等组件。我敲了敲，感觉那声音就像战鼓轰鸣一样，非常震撼。

最终，我选择学习架子鼓，因为我喜欢那种磅礴的气势。在学习架子鼓的过程中，我逐渐培养了对音乐的兴趣，也学会了欣赏不同类型的音乐。

我的眼前浮现出一幅令人惊叹的画面：在明媚的阳光下，一个小男孩坐在架子鼓前，他的双手灵活地在各个鼓之间穿梭，每一次击打都使鼓面发出深沉而有力的声音，他的头发随着音乐的节奏轻轻抖动。那一刻，他就像一个王国的统治者，他的每一次击打都震撼着人们的心灵。

看到这个画面，我的脸上不禁露出了微笑。虽然踩镲和吊镲的声音有些喧嚣，但在我的掌控下，它们发出的声音富有韵律，仿佛在为我的演奏增添更多的激情和力量。我热爱这种充满节奏感的音乐，它让我感到无比兴奋。

妈妈

土豆的爸爸喜欢听着广播睡觉，这个习惯也影响了土豆。最近，土豆在睡前会一直开着故事机，听到很晚。直到确认他已进入梦乡，我才会蹑手蹑脚地走到他的床前，轻轻关掉故事机。如果我还没等到他完全睡沉就关掉故事机，他就会立刻醒来。爸爸和土豆有着出奇一致的理由：不听这些声音，他们就睡不着。

喧嚣的城市噪声常常让人感到心烦意乱，无数的声音都在争夺我们的注意力。在这种环境中，我常常感到无法集中注意力，找不到一丝平静和安宁。那些强烈的噪声给我带来了巨大的压力，仿佛有一座大山压在我的心头，让我无法呼吸。

这个世界上也有各种各样好听的声音：悠扬的、低沉的、婉转的……然而，好听的声音在不恰当的场合也会变成噪声。我陪着土豆打过几次架子鼓后，他似乎可以分辨噪声与乐声了。他逐渐明白声音动听与否不只取决于音质、音调、音色等，更重要的是它在特定环境中的恰当运用。渐渐地，土豆不再依赖故事机的声音也能够安然入睡了。

爸爸

我喜欢听着广播入睡，那些节目和声音仿佛有一种魔力，让我能够更好地梳理一天的工作。这些广播节目可以让我放松身心，缓解一天的压力和紧张，帮助我更好地进入深度睡眠。有时是一本来不及阅读的好书，有时是一段特别有意义的历史，有时是一门新开讲的课程，广播的内容丰富多彩，让我受益匪浅。

我也意识到这种习惯长期下来可能会对身体健康产生负面影响，可能会影响听力、情绪和睡眠质量。因此，我决定为土豆树立一个好榜样，睡前只听一会儿广播，感到困倦时就及时关掉广播。

姐姐

在进入太空之前，我并不在家里睡觉，而是住在航天员公寓。我知道爸爸和弟弟有睡前听广播或故事的习惯，这个习惯一直让妈妈感到困扰。最近听妈妈说，他们因为弟弟打架子鼓而改掉了这个习惯，我替妈妈感到欣慰。

在太空中，我也要面对噪声的困扰。在地面上睡觉时，哪怕只有一只苍蝇在房间中飞来飞去，我也会睡不着。而现在在空间站里，睡觉时仿佛有一万只苍蝇在耳边嗡嗡作响。虽然在地面上训练时，我接受了大量的抗噪声训练，对太空环境有了心理准备，但刚到空间站时，我还是失眠了好几天。我的同伴看到我的黑眼圈，也很为我担心。他们建议我在防噪声耳罩里再戴上防噪声耳塞，还推荐我吃一些助眠的小药片，但这

些方法都不太管用。

后来，我摸索出一套适合自己的办法。晚上我会在跑步机上多跑一会儿，睡前再听一些舒缓的脑波音乐，看看书，写写日记。渐渐地，我习惯了周围的噪声，也能够像同伴们一样安然入睡了。虽然噪声仍然存在，但我已经学会了在这种环境中找到平静和安宁，能够享受到良好的睡眠。

太空之问 航天员为什么要接受抗噪声训练？

航天员在执行任务时需要面对高强度的噪声环境，高强度噪声可能会损害航天员的听觉系统，导致听力下降、耳聋等问题。抗噪声训练可以帮助航天员学会如何正确使用抗噪声耳机、耳塞等装备，减轻噪声对听觉系统的损害。高强度噪声也可能会对航天员的心理状态产生不良影响，如引起焦虑、烦躁、压力等问题。抗噪声训练可以帮助航天员学会如何保持心理稳定，提高抗干扰能力，集中注意力，从而更好地完成任务。高强度噪声还可能会影响航天员的判断能力、决策能力和操作的准确性，从而影响任务的执行。抗噪声训练可以帮助航天员学会如何在高强度的噪声环境中保持警觉，提高判断能力，从而更好地完成任务。

探险家在探险过程中也会遇到各种复杂的环境和噪声干扰，这些噪声也可能对他们的听觉和心理健康产生不良影响，干扰他们的判断和操作。就像航天员在太空中需要适应嘈杂的环境一样，探险家也需要进行抗噪声训练，提高对噪声的耐受性和适应能力，以减轻噪声对探险活动的影响。探险家的抗噪声训练包括听力保护、心理调节、判断能力和操作准确性训练等。

9 游乐场里的大侠

土豆

在我小时候，家里有一个大大的蹦床。我每次跳上去时都感觉自己仿佛变成了一只小鸟，在空中自由自在地飞翔。那股弹力仿佛是一股神秘的力量，将我托起，让我感受到了前所未有的快乐。我会尽情地跳跃，欢笑着在空中翻腾，随着音乐的节奏做出各种夸张的动作。那种感觉就像坐着飞船驶入了太空，让我感受到了无尽的自由和畅快。

随着我渐渐长大，蹦床的弹跳高度已经无法满足我对刺激的追求了。于是，我开始挑战更为刺激的"迷你蹦极"。这种小型蹦极设施通常设置在游乐场和户外广场上，弹性绳索像皮筋一样将我固定好，我在安全设备的保护下尽情跳跃和腾空。每次跳跃，工作人员都会在我落到蹦床上的刹那间向下拽我一下，让我下一次弹跳得更高，体验更加刺激。每玩一次都是5分钟，我充分感受到了蹦极的乐趣。在排队等待的过程中，我发现许多小女孩也胆大心细，她们勇敢地挑战自我，甚至在最高点来了一个漂亮的前空翻，让我惊叹不已。

去年，姐姐为执行太空任务做准备，整天忙碌不已。为了缓解她的紧张情绪，妈妈带着我们一起去游乐场玩过山车。姐姐训练时坐过离心机，经历过加

速度最大达8g的超重，而过山车的最大加速度只有2g。我本以为姐姐会很从容，可没想到在过山车转弯时，她竟然害怕得大喊起来。我作为航天员的弟弟，全程保持冷静，一点都不害怕，真的觉得她让我很"丢脸"。

事后，我好奇地问姐姐："你为什么会害怕呢？你坐离心机的时候也大喊大叫吗？"姐姐笑着解释道："当然不是。坐过山车的时候，人的身体和肌肉都处于放松状态。当过山车高速俯冲和倒立旋转时，相对位置的瞬间变化会给人造成很大的错觉，带来强烈的刺激，让人感到既兴奋又紧张。通过喊叫，可以释放压力，缓解紧张。而在参加离心机训练的时候，航天员处于密闭的环境里，看不到外边的情况，没有视觉上的位移，就不会产生恐慌。受过专业训练的航天员会在舱内用科学的方法进行呼吸和做对抗动作，所以就不会大喊大叫了。"

听了姐姐的解释，我恍然大悟，原来在不同的环境和状态下，人的反应会有所不同。

最近，我跟着探险队体验了风洞模拟飞行，这真是一次令人兴奋的经历！我穿着连体飞行服进入一座高高的透明玻璃房子里，地板下吹出高速气流，一下子就将我托到了半空。我感受到一股强大的力量在托着我，努力保持身体的稳定和平衡。在风洞中，我需要集中精力，保持警觉，控制好自己的呼吸和姿势，以应对瞬间变换的超重和失重状态。

虽然风洞训练的时间很短暂，但它所模拟的太空飞行感受非常逼真。我很想知道风洞训练与真实的太空飞行有什么不同，因此我急切地期待着与姐姐的下一次天地通话，向她分享这次难忘的体验。

妈妈

在奥运会的体操比赛中，我最喜欢观看的是蹦床比赛。这项运动不仅能提升人体的协调性和平衡能力，更有益于增强心肺功能，锻炼肌肉力量和耐力。然而，这项运动也有一定的风险，可能导致骨折、脑震荡或肌肉拉伤等。更为重要的是，对于那些天生恐高的人来说，这项运动无疑会带来巨大的压力，可能会加重他们的焦虑。

自从家里添置了蹦床以来，土豆便玩得不亦乐乎，每次都跳得满头大汗。看到他如此欢快，我偶尔忍不住和他一较高下。有一次，他竟然蹦出了围栏，摔了一跤，这让我深刻地意识到安全防护的重要性。

在游乐场里，他总是勇往直前，挑战每一项运动，如卡丁车、攀岩、迷你蹦极、过山车、超级秋千、转椅、特技自行车等。参加这些高难度的运动，他

不仅没有丝毫恐惧和不适，反而乐此不疲。即便是游乐场里最刺激的过山车，他也会不厌其烦地反复尝试。即使每次排队需要两小时，他也会耐心等待。我不禁遐想，如果土豆能将这份热情和执着投入课堂学习中，是否也会取得不小的成就呢？

玩耍固然重要，但我更期望他能在玩乐中学习。因此，我为他挑选了一套离心机拼搭模型，希望他能通过亲手搭建，对大型机械设备有更深入的认识和了解。我憧憬着他长大后能凭借自己的智慧，设计出既安全又趣味十足的大型游乐设施。这个想法也激发了我的探索热情，我购买了一本讲解机械原理的书，开始钻研新型离心机的设计。我期待着有朝一日能设计出更为舒适、美观且安全的离心机，让更多的孩子能体验到航天飞行的魅力，享受探索宇宙的乐趣。

爸爸

我非常珍视生命，因此乘坐过山车这种游乐设施对我来说有些许惊险。尽管这是一种常见的游乐设施，但由于高速和大落差的特点，也可能会有一些安全隐患，例如脱轨、翻滚、相撞、急停等。为了确保游客的安全，游乐场的工作人员会定期检查和维护设施，参加培训，并且教导游客正确、安全地使用这些设施。

喜鹊每次参加离心机训练时，我都为她捏一把汗。记得她第一次参加训练时，我十分忐忑，感觉很不踏实，于是我请了假，站在离心机训练大楼外等待。喜鹊自信地走进训练大楼。不一会儿，两名工作人员抬着一副担架急忙出来了，直奔停在门口的救护车。我的心里一紧，糟糕，喜鹊出事了！我急忙冲过去，一把掀开帘子，发现躺在担架上的是一位男士。我的两眼一黑，双腿一软，顿时晕了过去。我再次醒来时发现自己已经躺在救护车里的床上，医生正在为旁边的那个人做心脏复苏。原来晕倒的不是喜鹊，而是她的训练教员。他因为连续工作，劳累过度，导致心搏骤停。幸好有为航天员准备的救护人员在第一时间对他进行救助，才保住了他的性命，否则后果不堪设想。

当土豆兴致勃勃地向我描述他在游乐场中的勇敢表现时，我沉默了许久。我当然希望孩子能够安全地成长，但也不愿因为自己的担忧而妨碍他的发展。我耐心地倾听他的感受，试图给他一些合理的建议，让他在追求冒险刺激的同时更加注重自身的安全。

姐姐

　　土豆总是以探险家自居，但他的探险活动在我看来实在是小儿科。他喜欢坐过山车、跳楼机、高速旋转木马等，通过这些游戏体验超重和失重的刺激。这一次，他又尝试了新的"探险"——风洞训练。

　　我曾参加过这项训练，要在高速气流中保持清晰的思维。这项训练能够帮助航天员提高适应飞行和探索极端环境的能力，提升自己的操作能力和决策水平。

　　在地面上体验失重的方法确实相当有限，航天员的训练主要有三种方法：风洞训练、失重飞机训练和失重水槽训练。这些训练方法都能够帮助航天员更好地适应太空环境，为执行未来的探索任务做好充分的准备。

　　超重训练主要依靠离心机来完成。当我坐到离心机内时，身体瞬间被紧紧地压在座位上，仿佛被一座大山重重地压迫着。心脏在胸膛里急速跳动，呼吸变得急促，每一次吸气与呼气的感觉都如同在攀爬一道陡峭的山岭。我的肌肉紧绷着，每一寸肌肤都在承受着巨大的压力。骨骼在离心力的作用下发出嘎嘎的声响，仿佛在向这股无形的力量抗议。脑部感到沉重而混乱，思维变得迟缓而艰难。面对离心机训练带来的痛苦体验，我毫不动摇。我明白这是飞向太空的必要历练，愿意承受这份痛苦，因为我渴望探索太空的奥秘。我闭上双眼，深深地吸了一口气，心率慢慢地平缓下来，思维开始清晰起来，内心的力量和勇气被激发了出来。当我从离心机中走出来时，身心仿佛得到了一次巨大的锻炼，我看到了一个更加坚强、勇敢的自己。

太空之问　航天员为什么要参加离心机训练?

在飞船上升和返回的过程中,加速度巨大,发生超重,航天员的身体需要承受3~5倍的重力。为了更好地适应太空飞行,航天员需要在地面上接受超重耐力适应性训练,而这项训练的主要设备便是离心机,因此这项训练也称为离心机训练。

这项训练可以帮助航天员掌握正确的呼吸对抗动作,增强他们抵抗超重的能力。航天员需要在离心机上进行胸背向和头盆向两个方向的超重呼吸动作训练,这项训练具备高模拟性、高负荷性、高风险性、高挑战性和高适应性等特点。离心机训练的目的是让航天员在模拟高重力的环境中适应身体的反应,进而提高抗负荷能力。它可以模拟高重力环境,让航天员在短时间内承受较大的负荷,从而刺激肌肉和骨骼,提高身体的适应能力和稳定性。此外,离心机训练还能帮助航天员掌握在紧急情况下保持冷静和正确应对的技巧,确保他们在执行太空任务时的安全。由于这项训练的风险极大,一般每年进行两次左右。训练时,教员在控制室内观察和记录航天员的表情、语言、各种生理指标和反应动作。一旦发现航天员出现心律、血压失常等状况,便会及时停止训练。训练结束后,根据每位航天员的表现和主客观反应,进行科学评价和打分。

在航天员选拔环节,这项测试常常具有"一票否决权"。若参选人员不能通过这项测试,便与航天员这份职业无缘了。在多年的训练中,没有一位航天员主动按下中止按钮,他们都用极大的毅力坚持到了最后。在最初选拔时,一些航天员的离心机测试结果被评为二级,但经过一段时间的强化训练后,他们顺利地晋升为一级,成为可以执行飞行任务的航天员。

除了离心机训练,航天员的环境适应性训练还包括前庭功能训练、失重适应性训练等。这些训练旨在提高航天员的身体素质和适应能力,为他们在太空中的工作和生活做好充分的准备。

沙漠驼铃响

土豆

  自从看到姐姐参加沙漠生存训练的照片后，我便对沙漠产生了无尽的憧憬。

  沙漠探险并非易事，其中隐藏着诸多危险。沙漠的气候变幻莫测，炎热的气温令人窒息，突如其来的沙尘暴更会让人睁不开眼。沙漠地形复杂，我们稍有不慎便会迷失方向。沙漠中还潜伏着许多有毒的动物和植物，如毒蛇和蝎子。我们一旦触碰到它们便会受伤。此外，沙漠中的水资源和食物匮乏，我们在探险时需要忍受饥渴的煎熬。探险者在沙漠中迷路或遇到危险时，往往难以及时获得救援。

  因此，前往沙漠探险需要做好充分的准备。探险者需要具备相关的知识和技能，携带合适的装备，组建一支专业的探险团队。在探险过程中，保持警觉和谨慎至关重要，要严格遵守相关安全规定，以降低风险，确保安全。只有这样，我们才能像姐姐一样勇敢地走进沙漠，领略其神秘与壮美。

  当探险队征求我在小长假出行的意见时，我毫不犹豫地选择了沙漠探险。到达指定地点后，我一下车便被眼前的景象吸引住了。形状各异的沙丘宛如一幅生动的画卷，有的像巍峨的城堡，有的像翻滚的波浪，与蓝天白云相映成

趣，好一派壮美的沙漠风光！

我们迫不及待地奔向沙丘的最高处，感受沙漠的独特魅力。造沙堡、挖沙洞、滑沙，我们沉浸在游戏的欢乐中。沙子在指缝间流淌，缓缓滑落，在我的脚下慢慢堆积，形成一个个大小不一的圆锥体。

一头高大的骆驼吸引了我们的目光。我毫不犹豫地报名骑骆驼，体验那种既新奇又兴奋的感觉。骆驼行走时发出"咯吱咯吱"的响声，仿佛在诉说着沙漠的故事。

领队海米告诉我们，放长假时还可以带我们去走丝绸之路，探访楼兰古国。带着斑驳历史印记的沙漠蕴藏着无尽的壮美与神奇，等待着我们去发现。我对未来的探险充满了期待。

沙漠探险结束后，妈妈带我来到老北京胡同品茶，我有幸遇到了一位白胡子老爷爷，大家亲切地称呼他为宗老。宗老拥有两个特别的身份，他既是故宫博物院的文物摄影师，又是一位勇敢的探险家。

他曾历时74天徒步穿越被称为"死亡之海"的塔克拉玛干沙漠，那是一场中日友好徒步比赛。更让我钦佩的是，他在出发时非常仓促，只花了15块钱买了一双布鞋，却靠着这双布鞋成功地走完了全程。

我好奇地问他，为什么20个人中只有他一个人走了出来？他微笑着回答，他从事考古工作十几年，积累了丰富的生存经验，而在沙漠中最担心的就是冻伤和感冒。他在白天徒步前行，晚上则寻找驼队宿营。骆驼有着惊人的韧性，就像上了发条一样，能按照固定的速度行走一整天，因此人们很难跟上骆驼的步伐。

听着宗老的讲述，我感受到了他那种不畏艰难险阻、勇往直前的精神，也由衷地敬佩他的勇敢和坚持。

在沙漠探险过程中，宗老的队友因受伤或体力不支，只能骑骆驼前行。他们常常要走到后半夜才能找到驼队。因为在沙尘暴中，骆驼的脚印会消失，他们只能凭借经验寻找路线。最困难的一次，他们在天亮前才找到驼队，感到无比焦虑和艰辛。

在户外探险中，遵守严格的纪律至关重要。沙漠环境险恶，单独行动极为危险，一旦迷路，就很难找到回家的路。因此，探险队员必须集体行动，互相扶持，确保每个人的安全。

沙漠中没有任何标志，难以分辨方向。当时宗老身上只有每天携带的一点饼干和一小瓶水，一旦找不到驼队，生存的希望将变得渺茫。他总是坚定信念，鼓舞自己，想着这是一场中日友好比赛，他要为国争光，在自己国家的领土上不能输。这样，他熬过了一天又一天。虽然现在他已经70多岁了，但依然健步如飞。

宗老慈祥地问我是否想成为一名真正的探险家。我毫不犹豫地说想。他摸着我的头微笑着说："探险需要历练和勇气，你还要学习历史、地理、考古等知识，这样你的探险才会更有意义，更有价值。"

妈妈

我曾经有幸与航天员一同参加沙漠生存训练，这让我深刻地体会到了航天员与探险家的不同。航天员的沙漠生存训练更注重组织性和纪律性。在训练前的数月，教员会精心制定详细的试训细则。他们会根据细则要求，亲自前往现场勘查，进行教员试训。回来后，他们会根据实际情况对试训细则进行调整和修改，编写出适合航天员的训练方案。

在训练过程中，各个部门紧密协作，确保统一的保障和支持。医生也会随队前行，以确保每个人的安全。训练现场有岗位记录人员负责详细记录。训练结束后还会进行总结，以便进一步改进和提高。

探险家的训练则更注重实战和个人经验。在国家层面的重大探险活动中，有专门的保障团队提供支持。尽管如此，探险的风险仍然巨大，但探险家的付出是值得的。他们勇闯无人区，欣赏到了更多的壮丽风景，经历了更多的磨难。他们探险的目的不仅在于超越自我，还要进行科学考察，将自己的经历记录下来分享给更多的人。他们希望用自己的故事激励更多的人通过旅行的方式感悟人生。他们的精神在神州大地上熠熠生辉。

探险的道路曲折而漫长，有时我们以为已经接近目标，但实际上离目标还很远。然而，正是这样的挑战吸引着探险家们不断追求、探索，展现出了无畏的精神和探索未知的勇气。

爸爸

塔克拉玛干沙漠是一个充满传奇与故事的地方，经历了岁月的洗礼。在这片沙漠中，金字塔形的沙丘连绵起伏。当狂风席卷而过时，沙墙被掀起，空气中弥漫着沙尘，因此这片沙漠常年被尘雾笼罩。除了沙尘暴，塔克拉玛干沙漠还会出现海市蜃楼，为这片荒凉的世界增添了几分神秘色彩。

这里不仅见证了中国古代的辉煌历史，也留下了那些为东西方文化交流做出杰出贡献的商人的足迹。在沙漠下面，丰富的油气资源静静流淌。这里是西气东输工程的重要气源地，看似荒芜的沙漠为中华大地注入了无尽的生机。

然而，迄今塔克拉玛干沙漠都未能建立起完善的人类居住地。希望有一天我们能够调整行星家园计划，在这片沙漠中设计一个宜居环保基地，让沙漠变成绿洲。这样的愿景将使得塔克拉玛干沙漠成为一个充满生机与活力的地方。

姐姐

今天午休前，我透过窗户俯瞰大地，塔克拉玛干沙漠映入眼帘。小时候，我常常在地图上、风景画里以及妈妈的手机视频中看到这片沙漠。我担任飞行员时也曾飞越塔克拉玛干沙漠，从飞机上俯瞰连绵起伏的沙丘。我曾无数次幻想自己能像探险家一样徒步穿越这片沙漠，但一直未能如愿，心中满是遗憾。如今在太空中，我再次看到了它。整个沙漠的美景在我的眼前一览无余，让我感到无比震撼。

虽然没有机会穿越塔克拉玛干沙漠，但我曾参加过航天员的沙漠生存训练，对沙漠的严酷环境也有所体验。昨天，土豆向我展示了他在沙漠中骑骆驼的照片，满脸得意。实际上，他去的沙漠是早期的航天员训练场地，规模较小，是一处人工沙漠。听说最近它被改造成了旅游景区，供人们参观、体验。

我参加的沙漠生存训练是在巴丹吉林沙漠中进行的，为期10天，堪称真实版的荒野求生。那里的环境恶劣，我们需要在沙漠中自力更生，寻找水源和食物，还要面对各种未知的危险。这段经历让我深刻地体会到了沙漠生存的艰难与挑战。

按照规定，我们的三人乘组需要在48小时内模拟返回舱着陆后的全过程。一脱下厚重的航天服，我们便开始"孤军作战"。在这个过程中，我们模拟了在

野外可能遇到的各种意外情况，并紧急进行自救。如果通信设备失灵，我们还
需点燃篝火与外界取得联系。我们还可能面临与毒蛇、猛兽搏斗的危险情况。

　　为了生存，我们还进行了食物补充和饮用水获取等多项训练。在沙漠中，
每一滴水都异常珍贵，我们必须学会如何有效地获取和利用水资源。在整个过
程中，我们不断挑战自己的极限，努力适应恶劣的生存环境。

　　沙漠干旱少雨，空气干燥，自然环境严酷。面对这样的挑战，我们首先要

学会使用救生电台、卫星定位仪和卫星电话等设备进行初期的求救联络。然后，我们会仔细观察四周的地形，利用自然条件、所带的装备、返回舱和降落伞等搭建遮阳、保温的掩体。在沙漠中，我们还要学会生起篝火来取暖、烧水和烹煮食物。

为了更好地进行求救联络，我们还要学会近距离通信。我们会根据指南针和卫星定位仪显示的方位，确定转移路线和行走方向。在制作好简易的路线图、背包和拐杖后，我们会佩戴防风尘太阳镜，带上救生电台、卫星定位仪等设备以及自卫工具，按照预先确定的路线行走，直至到达预定地点。

在训练过程中，我发挥创意，利用降落伞的引导伞制作了一顶轻便的小红帽。这顶帽子既能用于遮阳又能用于挡风沙。我还用干枯的骆驼刺和放大镜成功地燃起了篝火。夜幕降临，我们坐在篝火旁规划日程，交谈飞行经历和训练中的趣事。

此外，我们还需要应对大风扬沙、烈日高温、降雨降温等恶劣气象条件的考验，亲身体验沙漠的自然环境。我们会进一步验证救生物品配置的合理性，确保在紧急情况下能够顺利生存。由于每人只配发了5千克饮用水，我们必须精打细算，不敢大口喝水。为了轻装上路，我们还需要在保证生存需要的前提下合理取舍携带的物资。

尽管在沙漠中着陆后这些紧急情况几乎不会出现，但掌握这些求生技巧可以有效提高自救能力，增强应对恶劣环境的心理素质。这样做可以确保我们在遇到危险时有备无患，安全度过困难时刻。

那次模拟训练让我们深刻地体会到了航天员在野外生存中所需具备的技能和毅力。尽管过程艰辛，但我们凭借着团队的力量和坚定的信念，最终成功地完成了任务。

如果有机会，我一定带着土豆重走一遍这片沙漠，让他亲身感受沙漠的神秘与壮丽，同时也体验一下生存训练的艰辛。那将是一次难忘的探索之旅。

太空之问　航天员的沙漠生存训练与探险家穿越沙漠有何不同?

　　航天员的沙漠生存训练与探险家穿越沙漠存在显著的差异。航天员的训练多是在模拟沙漠的环境中进行的，通常在人工设施内模拟沙漠的气候、地形和环境条件。这种训练聚焦于生存技能的掌握和应急情况的处理，比如寻找水源、建造庇护所等。同时，团队协作和互助能力也至关重要，因为在太空探索中，航天员需要合作才能完成任务。

　　与此不同，探险家穿越沙漠是在真实的环境中进行的。他们需要面对更为复杂和严苛的环境条件，包括干燥的气候、高温、复杂的地形等。探险家不仅要应对沙漠中的种种挑战，还需要具备独立思考和决策能力，因为在这个过程中他们需要独立判断路线和应对风险。

　　总的来说，航天员的沙漠生存训练更注重生存技能和应急处理能力的培养，而探险家穿越沙漠则更注重环境适应能力和独立决策能力。二者在某些方面有相似之处，但其目标和重点有所不同。

11 敢不敢喝"尿"

土豆

今天看到一则新闻，说航天员在太空中竟然喝"尿"，这让我感到非常惊讶和难以接受。姐姐平时是个特别爱干净的人，连自来水都不喝，更别提喝尿了。这简直让人难以置信！

为了解开我心中的谜团，妈妈带着我观看了一集纪录片，其中正好播放了一位探险家在野外生存时喝尿的场景。这一幕让我认识到了在生死关头，每一滴水都极其宝贵！

探险家被困在茫茫沙漠中，缺乏饮用水，他不得不采取喝尿的方式来维持生命。他通过蒸馏自己的尿液，将其中的水分蒸发出来，再喝下这些水，以维持体内的水分平衡。他解释说，虽然喝尿并不是理想选择，但在某些极端情况下，这是一种有效的生存技巧。看完这一幕，我对探险家的勇气感到无限敬佩。他们为了完成任务，不惜付出巨大的努力，做出巨大的牺牲，这种精神让人震撼。这也让我明白了在特殊环境下，人们必须学会利用有限的资源，这样才能战胜困难，赢得生存的机会。

在谈论生存需求的优先等级时，水无疑是最重要的。在没有水的极端条件

下，人最多只能存活三天。在死亡之前，人会因为脱水而变得虚弱，甚至出现幻觉。在很多真实的情况下，人们会喝尿以求生存。比如，在"5·12"汶川地震中，一名男子被困在瓦砾中，他通过喝尿生存了六天；在罗马，一名修女被困在电梯中，她通过喝尿得以生存。这些都是在极端情况下通过喝尿增加生存机会的例子。

需要强调的是，喝尿并不是一种卫生和安全的做法。尿液是由肾脏处理过的废物，含有大量有害物质。喝尿可能会导致感染、中毒和肾脏功能受损等多种健康问题。尿液中的钠也会加重人体脱水，可能造成肾衰竭和其他严重的健康问题。

因此，在非极端情况下，建议避免喝尿，尤其是在身体受伤和患有疾病的时候。在野外生存的情况下，如果条件允许，更好的解决方案是利用太阳能蒸馏器或过滤器等设备来获取干净的水。在大多数情况下，可以找到可用的水源。比如，收集露水和跟随蚂蚁寻找水源都是更好的选择。

航天员在太空中喝的"尿"经过了特殊处理，和饮用水一样干净。为了更深入地解答我心中的疑问，妈妈带着我来到了航天博物馆。在这里，我看到了独树一帜的再生式环控生保系统，其中包括二氧化碳去除装置、微量有害气体去除装置等。这些实物展览吸引了许多观众驻足观看，大家对航天员在太空中生活背后的秘密非常感兴趣。

航天员长期在太空中安全驻留时要用到再生式环控生保系统。这套系统让中国空间站第一次实现了航天员在轨环境资源的再生利用，其中包括从尿液中提取水分。

我终于明白，探险家和航天员的饮水方式存在着很大的差异，这主要是因为他们所面临的任务和环境不同。探险家通常在自然环境中进行探索，他们需要面对极端的天气、复杂的地形以及野生动物的袭扰。在这样的环境中，卫生条件往往很差，因此探险家必须忍受各种困难，包括饮水方面的限制。

与此不同，航天员在人造环境中工作和生活。航天器和生活舱等设施都经过了严格的清洁和消毒处理，以确保他们的生活环境的卫生和安全。虽然航天员的生存环境相对干净和安全，但他们在执行任务的过程中也需要面对许多挑战。

无论是探险家还是航天员，他们都需要具备出色的身体素质、心理素质和适应能力，以应对各种不同的环境和任务要求。这种适应和应对能力展现了人类在面对未知和挑战时的勇气与智慧。

妈妈

虽然从技术角度来看，航天员在太空中喝"尿"是可行的，但从心理上来说，这仍然是一道难以逾越的坎儿。在产品研制阶段，我曾有幸带着航天员参观水循环实验室。我们刚一进门就闻到了一股刺鼻的气味，原来科研人员正在进行尿液转化研究。

尿液中含有许多代谢废物和毒素，这些化合物的气味混杂在一起，令人难以忍受。我们捏着鼻子，勉强走进实验室。科研人员向我们解释了实验原理，展示了转化操作方法。桌子上放着几杯刚刚转化好的饮用水，我们被问及是否愿意品尝。所有人都犹豫了，但科研人员毫不在意，像品尝一杯美味的清茶一样，一口气将它喝了下去。

看着科研人员真诚的表情，航天员们不好推辞，每人都品尝了一小口。进入太空站后，每当太空会师时，上一组航天员都会对下一组航天员开玩笑说："我们给你们留了几杯，记得慢慢享用哦！"这种轻松的语气充满了对科研人员的信任，也表达了他们对航天事业的坚定信念。

在太空中的微重力环境下，从尿液中提取水分的难度非常大。尿液的成分复杂，而且在提取过程中会产生大量气体，处理起来非常困难。设计人员通过五年的努力，不断调整、优化方案，最终实现了系统的长时间稳定运行。现在空间站中水的转化率已经由最初的80%提升到了95%以上，这意味着航天员能够更有效地利用太空中的资源。

爸爸

我和土豆都是狗狗的忠实铲屎官！每天晚上，我们都有一项特别的亲子活动——陪着狗狗出去方便。狗狗每到一处都会尽可能地留下气味，这可有着比我们想象的更多的作用呢！

　　无论是人类还是狗狗，憋尿都不是一件好事。狗狗出门后立刻撒尿是生理需求，而不仅仅是为了抢占地盘。看着狗狗畅快淋漓的样子，真是让人心情舒畅！在几乎没有尿的情况下，狗狗也会尽量在一个地方留下气味，这是为了宣示领地。狗狗留下的独特气味，不仅能让其他狗狗知道自己的性别，还能帮助自己找到心仪的另一半。因此，这也是一种求偶方式，狗狗通过这种方式可以让更多的异性知道自己就在附近。

　　在一些极端条件下，狗狗甚至会喝自己的尿来维持体内的水分和电解质平衡，但在正常情况下，它们并不会喝尿。

　　为了让土豆更好地理解"秩序"，我们还特地制定了文明养狗条约：带着狗狗去办理养犬登记证，给狗狗提供必要的训练，在公共场所和外出时使用狗绳，及时清理狗狗的粪便，定期给狗狗接种疫苗，等等。希望我们能够与狗狗共同营造一个和谐、美好的生活环境。

姐姐

水是生命之源。在空间站上，我的一项至关重要的工作就是负责水循环操作。舱内配备了一套先进的水循环系统，会自动收集舱内产生的各种生活废水，包括航天员的汗液、尿液以及呼吸产生的湿气等。我会定期检查这套自动化设备的运行情况。

收集到的废水将经过一系列净化处理（包括蒸馏、过滤和电解等），转化为可饮用的洁净水。这个处理过程分为两个阶段。首先，经过12小时的初步处理，废水会变成中水。虽然中水不能直接饮用，但可以用于洗漱和清洁，甚至可以通过电解制造氧气。然后经过12小时的进一步处理，中水才能变成可以饮用的水。

在航天飞行的早期，水是不可再生的，需要从地面运输到太空，运输

成本非常高昂。为了解决这个问题，科学家们研制出了水循环系统。利用这套系统，我们可以在太空中实现水的循环利用，从而减少对外部水源的依赖，降低了太空探索的成本和风险。这一技术的应用无疑为人类的太空探索事业带来了巨大的便利。

太空之问　在太空中是如何处理尿液的?

在健康人的体内，尿液大约含有95%的水分，剩下的5%则包含3000多种化合物，比如尿素、无机盐、肌酸酐等。除非患有肾脏感染，正常人排出的尿液通常是无菌的。这些尿液中的很多化合物是无害的，但也有一些对人体有害的物质，因此尿液不能直接饮用。

航天员在太空中可以使用一种叫作水循环系统的设备来处理尿液和汗液，将其转化为可以饮用的水。这种设备利用多种先进技术去除尿液和汗液中的有害物质和微生物。虽然这听起来不太舒服，但在太空中水资源非常宝贵，必须加以充分利用。

水循环系统的处理过程通常包括多个环节，比如尿液的收集、过滤、消毒、除臭等。尿液首先被收集到容器中，然后通过过滤和消毒系统进行处理，最终转化为可以饮用的水。这个过程需要使用特殊的化学制剂去除尿液中的有害物质，杀灭病毒和细菌等微生物。处理后的尿液通常会有一些异味和颜色，因此还需要进一步处理。

随着科技的发展，现在已经有了更先进的技术和设备来提供更卫生的饮用水，常用的有反渗透技术和蒸馏水机等。这些技术的应用使得尿液的循环利用成为太空探索中非常重要的一环，为人类在太空中的生存和发展提供了更多的保障。

12 太空划船

土豆

这个周末，我和小伙伴们一起去体验水上漂流。我们穿上速干衣和防溺水背心，戴上头盔，两人一组坐进橡皮艇内。我人生中的首次漂流之旅由此开始了。

当橡皮艇冲下坡道时，我按照教练的指导蜷缩身体，低头闭眼，闭上嘴巴，屏住呼吸，双手紧紧抓住橡皮艇上的固定绳。漫天浪花劈头盖脸地砸下来，让我感受到了前所未有的刺激。没过多久，我已经浑身湿透，感觉冰冷刺骨。上岸后，我的牙齿不停地打架，浑身哆嗦。那一刻，我确实有点后悔参加这次漂流。

速干衣的神奇功效很快就让我恢复了干爽。我站在岸边，吃着冰棍，看着别人在水里左冲右撞、大喊大叫。虽然这次漂流让我感到了一些不适，但留给我的是满满的欢乐和独特的体验。

上一次感受到这种紧张刺激还是在观看航天员进行海上生存训练的电视直播的时候。我惊讶地发现姐姐所在的团队里竟然有两位外国航天员，他们一同勇敢地迎接海上的风浪。他们乘坐游轮来到一片宽阔的海域，然后钻进停放在甲板上的返回舱。工作人员协助他们关好舱门，随后一架直升机如雄鹰展翅般飞来，用绳索吊起返回舱。飞行几分钟后，直升机突然松开绳索，将返回舱抛入波涛

汹涌的大海中。在溅起的滚滚浪花中，返回舱犹如一只飘摇的小船。

过了一会儿，风浪逐渐减小，返回舱像浮萍一样漂浮在水面上。舱顶轻轻打开一道缝隙，接着一个头盔露了出来。随后，一位穿着醒目的橘黄色衣服的航天员坐在了舱壁上，他环顾四周。这时，队友递给他一个橘黄色包裹，它看起来像一个公文包。他用力拉开拉链，然后将它抛向海里。这个包裹瞬间就膨胀变大了，宛如一只巨大的水母漂浮在海面上。我仔细一看，原来这是一只充气式双人救生船。那个航天员又迅速打开一只充气式单人救生船。

完成这些准备工作后，他向下看了看，深吸一口气，鼓起勇气一下子跳入水中，然后顺着绳索迅速爬到了救生船上。姐姐和另外一位航天员也相继爬到救生船上，再盖上防护罩，利用船上的物品发出求救信号，然后安静地等待救援。整个过程惊心动魄，让人感叹航天员的勇敢和坚强。

水上漂流和海上训练有一个共同点，那就是参与者都会被水浸湿。不过，水上漂流时间短，相对安全。而航天员的海上训练更加漫长，尤其在返回舱内等待时，容易引起眩晕甚至呕吐。

姐姐曾告诉我，航天员在太空中也需要进行类似于驾驶船只的操作。虽然神舟飞船也被称为船，但与在地球上划船不同，航天员不需要使用船桨划水，也不会被水浸湿。他们在飞船内部通过仪表板进行操作，利用操作杆控制和调整飞船的姿态。

在空间站内，航天员会将自己固定在一台太空划船机上，通过模拟划船的动作来加强肌肉锻炼。这种训练方式可以帮助航天员保持健康。

妈妈

今天，土豆体验了橡皮艇漂流。看着他那又怕又爱、又惊又喜的表情，我仿佛回到了几年前参加海上生存训练的时候。航天员之所以会在大海里进行生存训练，是因为飞船在运行过程中一旦出现严重故障，就会实施应急返回操作，而有些应急着陆点位于海上，在救援人员尚未到达且返回舱出现问题时，航天员需要及时出舱进行自救和互救。通过训练，航天员可以提高与各方人员合作的能力，增大获救的概率。

海上生存训练包括理论培训、单项操作训练和综合训练三个阶段，而来到海上时就已经进入了综合训练阶段。航天员们需要按照组别进行海上自主出舱、海上生存、海上搜救船救援以及海上直升机悬吊营救等科目的训练。他们必须掌握海上自主出舱的方法与流程，熟悉海上生存环境和救援模式，加强与救援

人员以及其他航天员的协作。随着航天技术的不断发展，飞船返回的安全性得到了极大提升。虽然海上救生在实际飞行中并未遇到，但这项训练对于航天员综合能力的提升非常有益，因此每隔几年就会开展一次。

爸爸

周末，我带着土豆去书店买书，他的目光一下子被一本讲述沉船故事的绘本吸引了。他认真地数着游轮上的救生艇，好奇地问我为什么会有这么多救生艇。我拿出一张纸，与他一起展开数学运算，计算一艘游轮上的救生设备能够拯救的人数。这个过程深深地震撼了土豆，他原本以为橡皮艇、救生艇只是游戏中的道具，甚至认为海上救生船一定能保证航天员的安全。然而，现实中的

风浪凶险无比，不会给人留下第二次机会。

到了睡觉时，我给土豆讲起了《水浒传》中的故事，比如黑旋风斗浪里白条、船火儿追封忠武郎、混江龙三救宋江、翻江蜃驻守梁山水寨。土豆听得津津有味，那些水上英雄的形象在他的心中留下了深刻的印象。

姐姐

今天，我在梦天实验舱内解锁了一台太空划船机，为太空健身房注入了新的活力。这项高强度运动对人体的耐力和力量的要求极高，每一次肌肉收缩都有助于防止肌肉萎缩，改善心肺功能。在微重力环境中开展划船运动，无疑是充满挑战的体验。不知不觉，我已训练了一小时，运动服早已湿透，但我并未停下。因为这是我的职责所在，只有保持良好的身体状态，才能圆满地完成太空飞行任务。

昨晚，我做了一个梦。在梦中，我见到一位航天员在零重力环境中操作太空划船机，挥汗如雨。咯吱咯吱的声音在寂静的太空中回荡，她的每一次呼吸、每一次拉桨都仿佛在演奏一曲赞美毅力的乐曲。她在太空中寻找星辰，探索未知的领域。无尽的黑暗让她感受到了孤独，泪水在她的眼眶里打转。然而，她并未放弃，调整方向后终于看到了一丝亮光。她朝着亮光飞去，发现一条瀑布下飞出了一只皮划艇，艇上坐着一个神态刚毅、坚定的小男孩。他正是弟弟土豆。弟弟的陪伴让我感受到了温暖与力量，内心的孤独顿时烟消云散。

太空之问　航天员使用的太空划船机有什么特点?

　　微重力抗阻锻炼装置又被航天员亲切地称为太空划船机。对于航天员来说，这是一种不可或缺的健身设施。它能够模拟划船机的运动，让航天员在微重力环境中进行多样化的体能训练。这种装置不仅可以锻炼航天员的背部、肩部、手臂和核心肌群的力量，还能提升他们的心肺功能。更重要的是，太空划船机是针对微重力环境设计的，可以使航天员在太空中获得很好的锻炼效果。

　　太空划船机的另一个优点是可以根据航天员的个人需求和身体状况，灵活调整训练的强度。这种个性化的训练模式让航天员能够根据自己的日程和体能状况制订最合适的训练计划。由于空间站内的空间有限，太空划船机采用了高度集成的设计，可以最大限度地节省存放空间。

　　简单易用的操作界面也是太空划船机的一大亮点。航天员可以通过控制面板或智能设备轻松设定和调整训练参数。

13 寻找翼龙

土豆

你想去魔鬼城摸摸翼龙蛋吗？最近，我计划前往新疆哈密的大海道景区研究那里的翼龙蛋。为了这次旅行，我提前做了一些功课。

在翻看书籍的时候，我学到了一个非常有趣的知识点，那就是翼龙既不是恐龙也不是鸟类！这让我感到非常惊奇。翼龙是一种已经灭绝了的爬行动物，它们是与恐龙同时代的生物，在地球上生活的时间是在大约6600万年前。但是，翼龙与恐龙和鸟类在外形和生理结构上有着很大的不同。

翼龙的翅膀很特别，是由皮肤组成的翼膜，比鸟类演化得晚，和鸟类由羽毛构成的翅膀不一样。翼龙的第四根手指特别细长，这就是通常所说的翼指。翼龙可以滑翔、飞行、盘旋和翻滚，就像现在的蝙蝠一样。但是，它们与蝙蝠也有很大的不同。蝙蝠有手指和脚趾，而翼龙只有第四根手指特别长，用来支撑翼膜。

另外，翼龙和鸟类的食物也不一样。翼龙主要以鱼类、小型爬行动物和昆虫为食。而鸟类的食谱更广泛，它们可以吃种子、水果、小型哺乳动物、昆虫、鱼类等。这让我觉得在远古时代，翼龙可能生活在一条独特的食物链中。

翼龙具有很强的生存和繁殖能力。它们像现在的鸟类一样通过产卵繁衍后代，但是它们的繁殖方式与鸟类有很大的不同。鸟类通常会将卵产在树上或地面上，而翼龙会将卵产在河边和湖边的岩石上。翼龙是恐龙时代天空的主宰，是天空中最大、最强壮的生物。

带着对翼龙的好奇，我和妈妈踏上了前往哈密的探险之旅，目的地是大海道景区计划建造的一个火星基地。这个景区拥有奇特的雅丹地貌，这种地貌是由风力和水力共同塑造而成的，与火星地貌极为相似。我的妈妈受邀为火星基地的建设提供建议。

我们乘飞机抵达哈密后，驱车60千米来到大海道景区。进入景区后，越野车在荒无人烟的戈壁上奔驰，车轮扬起的小石子噼里啪啦地打在车身上。司机叔叔告诉我们，在古代这里是新北道通往西域的必经之地。

大自然是一位神奇的画家，用奇特的画笔在这里描绘出色彩斑斓的画卷。红岩、黄土丘、绿树与蓝天交相辉映，构成了一幅绝美的画面，我们仿佛进入了奇妙的童话世界。

经过大自然千万年的雕琢，这里形成了千奇百怪、形态各异的地表构造。有的像大地母亲的皱纹，布满了岁月的痕迹；有的像天然的雕塑，展现出雄浑的力量；有的像巨人的玩具，让人惊叹不已。这如梦如幻的美景在光影之间流转，我们仿佛来到了一颗奇异的星球。

听说这里有一件珍贵的翼龙蛋化石，考察完火星基地后，我迫不及待地想一睹它的真容。我们来到了天山哈密翼龙化石出土的地方。陪同的汪教授告诉我们，他和考古队在2014年来到这里进行考古，在白垩纪早期的地层中发现了一些精美的羽毛印痕化石和翼龙蛋化石。汪教授伸手指向一处断崖，我看到半截翼龙蛋化石露在外面，它有我的脸那么大，呈米白色。我走到翼龙蛋化石旁边，似乎感受到了一股来自远古的神秘力量。

汪教授说博物馆里的翼龙蛋化石不能随便触摸，但这里的这件化石可以摸一摸。在得到允许后，我伸手摸了摸翼龙蛋化石，它的表面温热而坚硬。汪教授告诉我，真正的翼龙蛋是软壳蛋，具有一定的弹性。

回到哈密市区后，我意犹未尽，缠着妈妈带我去附近的博物馆。站在玻璃展柜前，我凝视着里面的翼龙蛋化石，它们仿佛在讲述一段段传奇故事。

回到北京后，妈妈又带我参观了中国古动物馆，那里陈列着上百件恐龙化石和模型。一进博物馆，我就被巨大的霸王龙骨架化石惊呆了。这些化石展品大多是中国人自己发掘整理出来的，每一块化石的背后都凝结着考古学家的心血。我的心中升腾起一股强烈的自豪感。

妈妈

无论是成为航天员还是成为探险家，掌握科学知识并熟练运用计算机软件处理数据都是至关重要的。在我看来，考古学家也扮演着探险家的角色。翼龙化石来自远古时期，研究它们的科学家使用计算机软件记录和分析发掘结果，并进行数据管理。

除了考古学家，科考人员需要运用计算机来处理气候、地理、生物多样性等信息，登山家需要借助计算机软件规划登山路线，进行地形测量和天气预报。计算机已成为现代探险中不可或缺的一部分，各类探险家都需要掌握基本的计算机知识和操作技能，以便更出色地完成他们的探险任务。

爸爸

作为汪教授的好友，我对他和他的团队在新疆哈密进行的野外科考工作了如指掌。他们经过10多年的努力，终于在哈密戈壁下的白垩纪地层中发现和挖掘了一批珍贵的化石。这个重大发现于2014年发表在《当代生物学》杂志上，引起了全球科学界的广泛关注。

化石显示，这些翼龙蛋的外壳具有独特的双层结构，由较薄的钙质外层和较厚的壳膜内层组成，与现生的一些爬行动物的软壳蛋颇为相似。这个发现对深入了解翼龙的生活习性具有重要价值，也对研究生物演化及蛋壳结构的适应性变化过程具有深远的意义。

生物信息学在过去20年里的发展可谓突飞猛进，这个计算机科学和生物学的交叉领域为我们打开了一扇探索生命奥秘的新大门。通过分析基因组和蛋白质结构等，我们能够更加深入地理解生命的起源、演化和发展过程。

计算机科学家利用计算机可视化技术，成功地模拟了恐龙与翼龙的生活环境和行为。这些先进的技术手段能帮助我们更好地保护野生动物和生态系统。

生物信息学正在改变我们对生物的认识和保护方式。随着生物信息学和计算机科学的不断进步，我们将更加深入地了解和更好地保护地球的生态系统。

姐姐

今天土豆突发奇想，问我是否可以把翼龙蛋带上太空，在太空中孵化出小翼龙。把翼龙蛋带入太空，这确实是个有趣的想法。不过，保存下来的翼龙蛋都是化石，能否用它们培育出小翼龙尚需科学家进行深入的研究。

在空间站上，我要做各种生物学实验。生物信息学在太空探索中发挥了重大作用，可以帮助我们更好地理解生物在微重力环境中的行为。在将生物样本带入太空前，我们需要做充足的准备工作。首先，要确保这些样本在运输过程中得到妥善保护，避免受到损坏。其次，需要精心设计实验方案，选择适当的实验设备，以最大限度地发挥这些样本的研究价值，确保实验结果准确可靠。

目前，我们的太空生物实验已经取得了突出的成果，促进了农业、医学等领域的发展。

太空之问　为什么要开展舱外辐射生物学暴露实验？

舱外辐射生物学暴露实验是干什么的？简而言之，这个实验的最终目的就是提高人体的抗辐射能力。

这个实验要测试生物体所能接受的辐射剂量的上限。在空间站外的高真空、高辐射环境中，没有了大气层的保护，生物体能够承受的辐射剂量究竟是多少呢？这需要认真研究。强辐射环境会对生物体造成不可逆的损伤，人体长期暴露在强辐射环境中甚至可能会诱发癌变。因此，这种实验针对辐射病的相关研究设计了多个装载生物材料的样本盒单元，放置了植物种子、微生物、小型动物等不同的生物样本，以供进行比对，从而发现规律，为解决人在太空中的辐射防护问题提供解决方案。

如果通过实验成功地找到一种能够很好地应对辐射的动物，研究人员将从其体中提取抗辐射血清，研究它能否增强人体的抗辐射能力。这项成果对航天员在轨长期生存、载人登月等具有重大意义，还会对生物医疗领域产生深远的影响。

14 潜水员与潜航员

土豆

你有没有想过像阿童木一样，脚下喷出火焰，直冲云霄，或者像哪吒一样，脚踩风火轮，随心所欲地去往任何地方？但是，玩火太危险了，如果能用水流来代替火焰，那就完美了。妈妈说，其实真有这样的地方，其中一种是航天员的水刹车训练室，另一种则在大海边。

在水刹车训练室中，航天员可以用水流的喷射模拟火焰的喷射，这样可以更安全地进行训练。而在大海边，当海浪冲击岸边时，水花飞溅，也有点像火焰喷射的效果。虽然没有真正的火焰，但这样的场景依然让人感到十分震撼。

通过模拟飞船返回地面时的着陆冲击，航天员可以提高抗冲击能力。冲击塔是一座四层楼高的绿色铁塔，由提升系统和水刹车系统组成。这样的冲击设备在全世界只有四台。在进行这项训练之前，航天员需要进行身体检查，确保合格后才能开始训练。在训练过程中，航天员要保持肌肉紧张，弹一下就落地了，其实并没有想象的那么可怕。

我不是航天员，进不了冲击塔，但我可以去大海边体验水上飞龙。前几天，妈妈带我来到码头，我看到了水上飞龙，它利用摩托艇提供动力，驾驭它的

"飞人"叔叔可以在海面上做各种酷炫的动作。"飞人"叔叔抱着我一下子冲到了天上，然后我们在海底潜行，再像海豚一样跃出水面，激起层层浪花。我大声惊呼，感觉血液都冲到了脑门。

体验了水上飞龙后，妈妈又带我坐上了观光潜水艇。当潜水艇下潜到40米深的时候，我感觉耳朵有点胀，但这种不适很快就被水下的美丽风光所缓解。透过厚厚的玻璃窗，我看到了五彩斑斓的珊瑚和碧绿的海藻，它们在潜水艇的灯光下显得格外耀眼，就像一座美丽的海底花园。不一会儿，珊瑚丛中游出了形态各异、大小不一的鱼儿，让我目不暇接。这是一片充满生机的海底世界。

出了潜水艇，我又去海边游泳。我很喜欢游泳，但仅限于坐在充气皮筏上划水或套上游泳圈游泳。我决定好好学习游泳，否则以后再玩水上飞龙时掉到水里怎么办？学会游泳，就可以进一步学习潜水，甚至有机会成为潜水员或潜航员。

妈妈

无论是潜水员、潜航员还是航天员，都需要接受严格的水下训练。尽管潜航员并不直接接触水，但他们需要经过严格的选拔和训练，具备良好的耳平衡能力和航海专业知识，其中驾驶潜水艇是最重要的一项技能。每年暑假，潜航员都会来到航天员训练基地，与航天员一起开座谈会，体验他们的训练项目，如离心机训练、低压舱训练和密闭隔绝训练等。这些训练能够帮助他们更好地适应水下环境，提升专业技能和应对突发情况的能力。

我第一次接触潜水员这个职业是在进行航天员水下训练试训的时候。第一次潜水时，我勇敢地挑战了6米水深。一开始进行得相当顺利，然而当我上浮时，由于没有调整好呼吸和出水速度，鼻黏膜破裂出血，把一片水染得通红，但我并没有因此放弃。几天后，我重新加入了训练队伍。

在航天员的潜水课程中，有两个重要方面需要掌握。首先，航天员要学会潜水的"语言"，即常见的水下手势。这些手势包括"好""没问题""出水""入水""停止""救援""照明""使用脚蹼""调节频率"等。熟练地运用这些手势，潜水员就可以在水中进行有效的交流，提高潜水的安全性和效率。

其次，航天员要学会与潜水员紧密配合。在水下训练中，航天员有时需要穿潜水服，有时需要穿专用的水下舱外服。两位航天员需要默契配合，而每位航天员都有三位潜水员协助，以确保航天员的安全。

水刹车训练是为了让航天员体验和适应重返地球时的减速过程。科学家精心设计了一种水刹车装置，利用水的阻力减缓下冲速度，模拟飞船返回地球时的减速过程。在这个过程中，航天员需要学习如何控制自己的姿态和速度，以便顺利穿越水池。

我有幸体验过这项训练，感觉这和车辆急停非常相似。不同之处在于，车辆急停是在水平方向上进行制动，而水刹车则是在竖直方向上进行制动。这需要克服更大的心理障碍，保持肌肉紧张和呼吸顺畅，以应对减速产生的巨大压力。

爸爸

我在上学的时候热爱运动，尤其喜欢游泳和长跑。在大学期间，我是游泳

馆的兼职救生员，那段时光非常愉快。此外，我还考取了潜水证。潜水员需要具备健康的身体，没有心脏病、支气管炎、肺气肿、高血压、癫痫等疾病。潜水员还需要具备较好的身体素质和耐力，以应对水下的挑战。此外，潜水员需要掌握潜水技能，如潜水装备的使用等。最重要的是，潜水员需要具备良好的道德素质，一旦发现有人遇到危险，就要毫不犹豫地进行救助。

尽管我的女儿喜鹊小时候的水性很好，但在陪伴她游泳训练的过程中，我始终坚持亲自教导她。我注重实践和理论的结合，通过示范和讲解，让她逐步掌握游泳技能。我常常给予她鼓励和支持，让她充分发挥自己的潜力。通过我的陪伴和教导，她不仅学会了游泳，而且更加自信和勇敢，为后来成为航天员打下了坚实的基础。

我的儿子土豆却有些固执。每次去游泳，他总是紧紧地抓住游泳圈，不敢让水沾到头发和眼睛。游泳是一项重要的技能，很多大学要求毕业生必须掌握，但我明白不能急于求成。我决定给他更多的时间去适应，晚几年再让他学习游泳也不迟。每个孩子都有自己的成长节奏和兴趣爱好，重要的是让他们在快乐中学习和成长。

姐姐

在太空中的失重状态下，我无法进行传统的游泳和潜水训练，但为了保持身体的适应能力和健康状态，我需要通过运动锻炼心肺功能和肌肉力量，常用设备有太空自行车、太空跑步机和太空划船机等。

虽然身处太空，但我依然密切关注地球上发生的重要事件。最近，一则关于潜水艇爆炸的新闻引起了我的注意。海底环境复杂，一艘潜水艇在下潜3000多米时遭遇了"灾难性内爆"，乘员无法逃脱，不幸葬身于海底。

事后，专家对这艘潜水艇的声学数据进行了详细分析，发现了许多潜在的安全隐患。它的控制装置竟然采用游戏手柄来操作，乘员被螺栓密封在主

舱内，而这些螺栓是从外部安装的。更令人惊讶的是，潜水艇的地板上没有控制装置，移动时仅需按下一个按钮，就像乘坐电梯那样。照明和声呐导航系统没有安装卫星定位导航装置，而所谓的先进照明系统只是"在内部和外部安装的4K视频摄像设备"。这样的设计缺陷使得乘员在遇到危险时无法逃脱。

这起事故提醒我们，对于潜水艇这样的设备，安全设计至关重要。我们应该确保控制装置可靠且易于操作，并为乘员提供足够的逃生手段和安全保障。这样才能最大限度地减少类似事故的发生，保证乘员的生命安全。

这让我想起了"中国深潜第一人"叶聪，我在参加航天员海上生存训练的时候与他相识。他从"蛟龙号"首席潜航员到主任设计师的经历让人钦佩。他曾经说过，中国的载人潜水器能够在太平洋的马里亚纳海沟下潜7020米的关键在于设计人员非常重视它的安全性能。

对于普通人来说，7000多米深的海底世界是无法想象的，深海的黑暗和寂静让人无比震惊。然而，叶聪和他的团队拥有多双"眼睛"来探索这个神秘的世界。声呐设备可以帮助他们勘测距离超过200米的环境，传回的勘测数据告

诉他们哪里有洞，哪里是坑，哪里有障碍物需要避开。"蛟龙号"还配备有强大的照明系统和先进的摄影摄像仪器，让他们能够清晰地观察海底环境。

潜水器的安全性能需要经过反复实验和验证。正是通过一次又一次努力，他们才将数百项故障一一排除，并积累了大量的宝贵数据。为了让中国人迈向7000米的深海，载人深潜科研人员奋斗了10年。

无论是潜水器还是航天器，这些高风险设备的背后都站着兢兢业业的科研人员和勇于探索的探险家。探索新领域的征程不会是一片坦途，我们唯有不断努力、勇往直前。

太空之问　航天员为什么要开展水下训练？

航天员要接受全面的水下训练，其中包括游泳、潜水、海上生存训练以及模拟失重水槽训练等。这些训练可以模拟太空环境，让航天员体验微失重状态和真空环境等，以便将来更好地在太空中生活和工作。

在执行航天飞行任务时，航天员有时需要出舱活动，如释放和回收卫星、维修航天器、搭建大型空间站等。因此，针对出舱活动的水下训练成为了必修课程。航天员在水下训练中可以模拟使用太空设备，如水下航天服、飞船、空间站、机械臂和通信设备等。通过训练，他们可以熟练掌握这些设备的操作方法，为以后执行太空任务做好充足的准备。

总之，水下训练对于航天员来说至关重要，可以帮助他们适应太空环境，增强身体素质，提高设备使用能力和应急能力，为顺利完成太空飞行任务打下坚实的基础。

15 我拿冠军了

土豆

前些天，我参加了学校的科技创新大赛，并拿到了冠军。学校举行了非常隆重的颁奖大会，给予了我莫大的荣誉。站上领奖台的那一刻，我甭提多高兴了。我远远地看到了观众席中妈妈的身影。要知道她平时的工作特别忙，上一次学校开家长会时她由于工作原因而未能参加。我激动地指着妈妈对身边的同学说："看！那是我的妈妈！"

颁奖大会结束后，家长们在校内参观。妈妈来到了我们的室内运动馆，饶有兴致地观看几个高年级同学进行划船机训练。回家后，她问我是否喜欢参加皮划艇训练。半年前，妈妈曾带我观看皮划艇比赛，当时我非常兴奋。比赛结束后，我让妈妈带我去体验一下皮划艇运动，但我因身高差了一点而不能上皮划艇。想到这里，我嘟囔着说："我还不够高呢。"妈妈量了量我的身高，笑着对我说："恭喜！现在你的身高达标了，这个周末就可以去划皮划艇了。"

周末，我们来到了皮划艇训练场。一开始，我有些紧张。在比赛中，运动员驾驶着皮划艇在水上飞速前进，但我自己实际操作时并不是那么回事，需要技巧和力量。

  教练带我熟悉皮划艇的基本结构后，开始教我学习基本操作要领。我按照教练的指导坐在皮划艇内，练习划桨，学习调整呼吸和动作节奏。教练告诉我，划桨时需要注意平衡和动作协调。这对我来说是一个挑战，我常常失去平衡，有时甚至会翻船。教练鼓励我，让我不要放弃。

  随着时间的推移，我学会了正确划桨和保持平衡。皮划艇也变得听话起来，在水面上平稳地行驶着。我感到非常高兴，仿佛浑身充满了力量。

妈妈

荣誉是一个人在社会中的表现和贡献的体现，它反映了人们的价值观和道德标准。不同的人对荣誉有着不同的看法，有的人认为荣誉是一种外在的社会认可，是社会地位和名望的象征；有的人则更加注重个人的品德和修养，认为荣誉是内心的自我肯定和追求。

荣誉并不是人生唯一的追求，我们不能为了荣誉而不择手段或违背自己的良心。在面对荣誉的时候，我们应该保持理性和谦逊的态度。不同年龄的人对荣誉的看法和重视程度也会有所不同。年轻人通常有更强的事业心和追求成功的欲望，中年人可能更加注重家庭和生活质量，老年人则可能更加注重生活经验和智慧的积累，他们希望帮助和影响下一代。无论年龄大小，我们都应该有追求荣誉和实现自我价值的勇气与愿望。

为了鼓励土豆获得冠军，我决定带他去体验皮划艇运动。一年前，我曾带土豆去过一次，当时他一定要上去划一圈。但是皮划艇运动对身高、游泳技能、体力都有非常严格的要求，他未能达标，不能上船。这一次，他终于如愿以偿了。而此时在太空中执行任务的喜鹊也在用太空划船机开展体能训练。

划船是一项令人愉悦的水上活动，它可以锻炼全身肌肉，改善心肺功能，增强身体的耐力和协调性。与土豆和喜鹊的划船相比，黄河漂流才是真正的挑战。于忠元先生曾担任北京青年黄河漂流队的队长。1987年，他带领队员从黄河源头出发，用181天完成了人类首次无动力全程漂流黄河的壮举，因此被誉为"黄河漂流第一人"。他曾告诉我，当时的漂流经验不足，装备简陋，随时都有可能翻船，而翻船就意味着生命危险。他们用自己的生命去挑战极限，创造

了这一不朽的功勋。

我很好奇，他坚持的理由是什么？他说，当时只有一个念头，那就是中国的母亲河不能让外国人去完成首漂。无论是出于爱我中华的情感，还是基于振奋民族精神的考虑，或者源自为国家荣誉而牺牲的决心，漂流这项运动都烙上了鲜明的历史印记，或许只属于20世纪80年代的热血青年。那个年代，我国还没有开展载人航天飞行，漂流就是最让人们向往的冒险。

当时国家发起号召，《新闻联播》播出消息后，立刻吸引了上万人报名，他们来自全国各省、自治区和直辖市。经过体能筛选、征询意见等层层选拔，最终确定了25名队员。在漂流过程中，有7人不幸遇难，于老也数次死里逃生。我们称他为英雄，但他总是谦虚地说自己只是"未亡人"。黄河漂流成就了一批人，锻炼了一批人，也激励了一代人。

这段故事让我感慨不已。今天我们国家的科技实力和经济实力更加雄厚，航天员接受了科学的训练，他们乘坐着安全的航天器进入太空。这是何其幸福，何其幸运！与那些为国家和民族付出巨大牺牲的先辈相比，我们更应该珍惜这个时代给我们带来的机遇和荣光，为祖国的繁荣昌盛贡献自己的力量。

爸爸

作为一名教师，我深知荣誉的重要性。在我看来，荣誉不仅是对我的教学和科研工作的肯定，更是激励我不断前行的动力。荣誉就像璀璨的星辰，照亮我前进的方向。我始终坚守初心，抱定为祖国健康工作50年的决心。每当新课题取得突破时，我都会将荣誉归功于团队；每当学校举办运动会时，我都会

第一个报名参加；每当学校颁布新的规定时，我都会坚决拥护并严格遵守。荣誉也是责任和使命。珍惜荣誉不仅是对自己的肯定，更是对他人和社会的负责，这促使我不断提高自己的教学和研究水平，勇于探索创新。

　　记得有一次学校举办游泳比赛，我报名参加了几个项目，其中包括我并不擅长的蛙泳。喜鹊和土豆在观众席上观看，看到我竭尽全力却只获得了倒数第二名的成绩，他们的眼神中流露出了失望。我安慰他们不要难过，并承诺在接下来的自由泳比赛中取得更好的成绩。在自由泳比赛中，我终于获得了第一名。他们在领奖台下欢呼雀跃，比自己取得胜利还要开心。对于一位父亲而言，集体荣誉固然重要，而家庭的荣耀更能让我感到温暖和快乐。这些经历让我更加珍视荣誉，同时也更加明白荣誉背后的责任和付出。

姐姐

听说土豆在科技创新大赛中拿了冠军，这是他的荣耀。而我的荣誉则属于祖国，我在太空中执行任务，为祖国播种航天梦想。作为航天员，我们身在太

空，但心系祖国。今天是航天员大队一年一度表彰优秀党员的日子。在测控人员的协助下，我们通过通信网络参加了表彰大会。

终于轮到我发言了。我清了清嗓子，用坚定的语气说出了自己的肺腑之言："发展航天事业，建设航天强国，这是我们不懈追求的梦想。虽然在太空'出差'，无法到现场参会，但我的心一直与大家在一起。作为一名党员，我在空间站上履行自己的职责，备感荣幸和自豪。在今后的工作中，我将继续坚守岗位，以最饱满的精神和最精准的操作完成飞行任务，发挥党员的先锋模范作用。"

太空之问　航天员是怎样评优的？

航天员是遨游太空的勇士，是国家的宝贵财富，享有崇高的社会声誉。评优是对航天员的付出的认可，可以让他们进一步认识到自己的价值和使命，激励他们更加严格地要求自己，努力提高自己的业务技能和综合素质。争当优秀航天员，为国家的航天事业做出更大的贡献，是每一位航天员的愿望。

除了参加评优活动，航天员还要面临评级。我国的航天员分为特级航天员、一级航天员、二级航天员、三级航天员和四级航天员等级别。评级是对航天员业务能力的评估，也是对他们的工作和贡献的认可。

对于航天员来说，个人荣誉固然重要，但更重要的是肩负的使命。他们认为自己从事的是一项崇高的事业，要不负国家和人民的期望。在他们的心中，祖国的荣誉高于一切。为了祖国的航天事业，他们会不断努力奋斗。

16 千里走单骑

土豆

　　自从拥有了人生中的第一辆小赛车，我就爱上了骑行。在赛道上，我紧握车把，全神贯注，任凭风在耳边呼啸。经过每一个弯道时，我都感到有一股神秘的力量在牵引着我，让我热血沸腾。赛车仿佛已经成为了我的身体的一部分，我骑着它在道路上飞驰，追逐自由的梦想。

　　在夏日的黄昏，我常常骑着自行车来到操场上，绕着跑道转过一圈又一圈。风掠过我的脸颊，将一切烦恼抛向脑后。我感受着速度带来的刺激，仿佛已经化身为离弦之箭。路旁的景物在我的眼前快速闪过，小伙伴们变成了一片模糊的影子。我用尽全力，仿佛在与时间赛跑。在这一刻，我感受到了前所未有的自由。

　　之所以能骑这么快，是因为我接受过专业的自行车越野赛训练。整个暑假，我都在炎炎烈日下进行训练，与小朋友们一起比赛，不知流了多少汗水。在骑行中，我不仅要穿越平整的路面，还要越过各种障碍。赛道上常常有陡坡、沙坑、石头等，我需要运用各种技巧应对特殊路况，以最快的速度完成比赛。中场休息时，我常常气喘如牛，需要抓紧时间补充能量、水分和电解质，尽快恢

复体力。艰苦的训练让我在平坦的操场上成为了一道耀眼的光芒。

骑行让我感受到了速度与自由，但也存在一些安全隐患。因为骑得太快，有时我会连人带车飞出去，膝盖是最容易受伤的部位。幸运的是，每次都只是擦破皮，没有大碍。这得益于我采取的防护措施到位，头盔、护目镜、骑行手套、骑行服、护膝、护肘、骑行鞋等一应俱全。每次穿戴时，我都会仔细地将护膝固定好，以确保膝盖受到充分的保护。教练经常叮嘱我们，比赛时要胆大心细，在日常生活中更要小心谨慎，不能鲁莽行事，遇到危险要及时刹车。起初我并不在意，经历了几次险情后才深刻地理解了这句话的重要性。

在训练和比赛的过程中，我有幸结识了许多志趣相投的新朋友，我们经常相互鼓励，分享骑行经验。妈妈告诉我，很多航天员叔叔小时候上学时要走十几千米的路，自行车对他们来说是奢侈品。相比之下，我从小就拥有自己的赛车，实在太幸福了。

妈妈

我的同事中有一位医学女教员，她一直梦想着从北京骑行到西藏，但繁忙的工作使她一直无法实现这个梦想。我决定帮助她以另一种方式实现这个梦想。于是，我请来了素有"中国女子骑行第一人"之称的于涓涓，想让她讲述自己的骑行故事。

第一次见到于老师时，我惊讶地发现她与我想象的完全不一样！她的面容清秀，不施粉黛，亲切的眼神中透着一股刚毅。岁月并没有在她的脸上留下多少痕迹，她仿佛一直被时光温柔以待。

　　于老师告诉我们，30多年前她和另外4名队友一起开始了环绕中国边疆的骑行之旅。她们选择了先易后难的路线，从天津出发，沿顺时针方向骑行，克服了无数的困难。有一天，她们在福建的山路上遇到了一个急转弯。由于没有任何标志，前面的队员来不及刹车摔倒在地，后面的队员也相继摔倒。于老师的下巴被磕破了，血流不止，右臂也被擦伤了。但她并没有退缩，用烟丝止血后继续前行。

　　从于老师的讲述中，我感受到了她的坚强和勇敢。在新婚后不久，即使有强烈的妊娠反应，她依然坚持从北京骑行到海南岛。

　　等土豆长大一些后，我希望和他一起骑行去西藏。

爸爸

上中学时，我家离学校很远，每天我都需要骑自行车上学。那时，我喜欢约上几个同学一起上学，一路上欢声笑语，大家总有使不完的劲儿。每当看到别人骑着一辆漂亮的山地自行车，我们都会羡慕不已，幻想着将来自己也有一辆。

看着土豆在操场上兴致勃勃地骑自行车，我的思绪不禁飘到了很久很久以前。19世纪末自行车刚传入中国时被人们称为"洋车"。到了20世纪80年代，自行车开始在中国普及，成为人们日常出行的主要交通工具。在我出生的那个年代，中国的自行车产业发展迅速。进入21世纪以后，随着人们生活质量的提高，汽车开始进入寻常百姓家，自行车则变成了环保出行的标志。近年来，共享自行车的兴起进一步方便了城市居民的出行。

姐姐

今天，土豆热情洋溢地与我分享他骑自行车的经历。我心中不禁感叹，小孩子的快乐原来如此简单而纯粹！回想起自己小时候，我也喜欢骑自行车，但那时自行车对我来说只是一种交通工具，并没有给我带来多大的快乐。成为航天员后，我的日程被安排得满满当当，时间和效率成为我考虑的主要因素。即使去上课，我们也要乘坐固定的班车，锻炼身体要在体能训练馆中进行。在炎炎烈日下或皑皑白雪中骑行成了我不敢尝试的事情，生怕生病影响训练，更担心耽误时间。

虽然无法到现场观看土豆参加骑行训练，但我可以向他展示我的太空绝技。于是，我飘向太空自行车，向他表演"悬空走单骑"。我轻松地"骑"上

太空自行车，用束缚带将身体固定住，然后将身体微微前倾，双脚踩在踏板上，开始缓慢地骑行。虽然太空自行车被固定在舱壁上，但我的动作依然矫健有力。渐渐地，我的速度越来越快，热情越来越高涨。我希望这样的表演能给土豆带来更多的欢乐。

太空之问　为什么航天员要学习医学知识？

在执行太空任务时，航天员会面临很多健康问题，如微重力环境对身体的影响、太空辐射对细胞的伤害等。因此，医疗监护和保障对于航天员来说至关重要。

为了确保航天员的身体健康，专业的医疗团队会对航天员进行全面的体检和生理参数监测，以预防和治疗各种疾病。这些医疗团队具备丰富的航天医学知识，能够根据航天员的健康状况和任务需求，制定个性化的医疗监护和保障方案，其目标是确保航天员在太空中保持良好的健康状况。地面医疗团队会向航天员提供实时的远程医疗支持，通过视频会议等方式与航天员进行沟通，提供专业的医疗指导。

但是，航天员在太空中也会出现一些突发状况，地面医疗团队可能难以处理，因此他们需要学习一些医学知识，接受紧急医疗救援方面的培训，从而增加一重健康保障。

17 逃逸滑道

土豆

"五一"小长假的第二天，天门山上游人如织，热闹非凡。临近中午时分，天门洞前的广场上人头攒动，我紧握着妈妈的手，期待着一位神秘人物的出现。

突然，一架飞机从远方飞来，机门豁然打开，一位英勇无畏的翼装飞人纵身跃出机舱，宛如一只雄鹰在空中翱翔。他以每小时200千米的惊人速度，成功地穿越天门洞。虽然那个洞口不算小，但他的飞行速度极快，任何微小的偏差都可能造成巨大的危险，真的让人惊心动魄。我都为他捏了一把汗！

这位翼装飞人可真是艺高人胆大，他继续滑翔，飞过天门洞广场，然后在距地面150米的上空打开降落伞，徐徐下降。最后，他在蜿蜒曲折的盘山公路上安全降落。这场表演真是精彩绝伦！

全场观众都为这位翼装飞人热烈鼓掌和高声欢呼，他是一个超级英雄。妈妈说他为这次飞行准备了整整12年，在天门山上进行了1200多次飞行练习，在山谷上空飞翔了600多分钟，对这里的地形和天气状况了如指掌。我相信他在起飞前一定胸有成竹。

虽然翼装飞行对我来说是个不敢尝试的挑战，但游乐场里的大滑梯我可是

敢尝试的。每次滑滑梯时，我都会穿上长袖长裤，在长长的滑道上开始一段充满刺激的旅程。滑梯有多种类型，我经常滑的是直线形滑梯，难度适中，在户外游乐场上很常见。有些滑梯带有一个或多个弯道，增加了刺激程度。旋转滑梯具有较大的旋转角度，需要滑行者具有更大的勇气。高速滑梯则具有较大的坡度，能给人带来强烈的刺激。在这些滑梯中，我最喜欢的是高速滑梯，每次滑行时仿佛从悬崖边一跃而下，心跳加速，兴奋不已！

除了滑梯，我还对绳降情有独钟。绳降是一项适用于峡谷、悬崖等地形的特殊技能，也是攀岩、登山等户外运动中常用的技术。通过用一根或几根绳子连接起点和终点，我们可以借助下降的方式快速到达地面。在下降过程中，我有一种奇妙的感觉，可以感受到风的轻拂，听到鸟儿的歌唱，仿佛与大自然融为了一体。

妈妈

在宽广的火箭发射场上，雄伟的发射塔架直插云霄，仿佛在彰显人类探索宇宙的坚定决心和无畏勇气。在这个庄严的时刻，安全是要考虑的首要问题，而逃逸系统则是保护航天员生命安全的关键设施。

在发射前，当火箭或航天器出现故障时，航天员可以依照规定的程序，通过逃逸系统迅速离开发射塔架。逃逸系统包括紧急撤离车辆、防爆电梯、逃逸滑道和索道，以及飞船携带的逃逸救生设备等。在点火前，如果火箭推进剂发生泄漏，对航天员的生命安全构成威胁，主要的救生措施就是航天员通过逃逸滑道快速撤离。航天员接到逃生指令后，可以从一根类似于消防滑

道的管道中滑下。这条管道长约60米，直通地下数米深的掩体，可以确保航天员的安全。

在航天员训练基地，为了模拟真实的逃逸场景，建有一座专门用于训练的逃逸滑道塔。这座塔高30米，共有7层，由主塔和逃逸滑道组成。滑道的高度分为14米和22米两种，航天员在这里进行初级和中级训练。模拟实际逃逸过程中可能遇到的各种情况，可以帮助航天员提高应急反应能力，掌握逃生技能。这种训练对于航天员来说至关重要，只有掌握了这些技能，才能在真正的航天任务中保护自己的生命安全。

在充满挑战与危险的航天领域，逃逸系统为航天员的生命安全提供了坚实的保障。它是人类探索宇宙的重要安全防线，默默地守护着航天员的生命。

爸爸

我非常喜欢玩滑梯，常常亲自动手设计，用不同的材料建造滑梯。有时，我会用乐高积木搭建一座壮观的滑梯，有时会用泥土打造一座自然风格的滑梯，有时会通过绘画的方式描绘出我心目中的理想滑梯。

在古代，滑梯被称为"滑竿"或"滑车"。那时的滑梯主要由木材或石头制成，结构简单，可以让孩子们从山坡上尽情地滑下。随着时代的进步，到了19世纪，金属材料开始用于制造滑梯。20世纪，随着人工合成塑料和玻璃纤维等新材料的出现，滑梯的设计和制造又取得了新突破，出现了波浪滑梯、管状滑梯、旋转滑梯等各种充满创意的新型滑梯。

滑道作为一种交通工具，可以帮助我们在短时间内迅速到达目的地。随着高速公路和高速铁路的飞速发展，滑道也得到了广泛的应用。

令人惊奇的是，滑道不仅可以用于日常交通，还可以用于紧急逃生。比如，当飞机遇到故障时，乘客可以通过滑道快速、安全地离开飞机。同样，消防员在灭火时也会使用滑道迅速撤离火场。

航天员在训练中会使用一种叫作逃逸滑道的设施。这种设施的设计灵感来源于消防员使用的高空柔性救生滑道，由入口圈、防火套、阻尼套等组成，可以让航天员通过调整自身的姿势来控制下滑速度，安全脱离险境。

消防员常用的消防逃生装备包括灭火器、消防直梯、消防水带、消防安全绳、烟雾面罩、逃生锤、消防钢索网、气体检测仪等。这些装备外面的防护层

具有阻燃性能，适合在火场使用。而滑道作为消防逃生工具，其最大的优势在于适合高层建筑上的人员迅速撤离，人被包裹在滑道内，可以避免被火焰和有毒烟雾伤害。这种滑道的使用十分简便，儿童使用时的安全系数也很高，降落点准确无误。

所以，滑道不仅是一种便捷的交通工具，还是一种在紧急情况下帮助我们快速逃生的救命工具，实用性极强。

姐姐

我第一次参加训练的时候，挑战的是从14米的高度滑下。我将双手交叉护在胸前，从高处跃下，就像土豆从大滑梯上滑下那样。在下落过程中，我将膝关节微微弯曲，双脚并拢，让脚尖和脚跟一同着地，以增大受力面积。为了确保安全，我穿上了防静电的长衣长裤，并将衣摆扎在裤腰里。当然，手机和金属物品是绝对不能带在身上的。为了保护自己，我戴上了护肘、护膝和护踝，将全身束紧。那种下落的感觉非常特别，有些像坐过山车，但比坐过山车更惊险，更有挑战性，没有经历过的人永远无法体会。

经过几次练习后，我决定挑战22米高的滑道。然而，这次并不顺利。我穿着舱内服，行动有些不便，在14米高的缩口处被卡住了。经过一番调整，我最终完成了训练任务。但在着陆时，我不小心磕破了嘴唇。这次经历让我明白，任何事情都不能急于求成，只有实践才能真正磨炼一个人的成长。

在酒泉卫星发射中心，有一支特殊的队伍。它永远不能缺少，也有可能永远用不上，而这正是队员们所希望的。他们在离航天员最近的地方为航天员筑起了一道坚实的安全防线。这支队伍就是航天员救助队。在飞船准备发射的时候，队员们就站在我们附近，默默地守护着我们。救助队主要负责待发段航天员的安全撤离。针对可能出现的突发状况（如火箭推进剂泄漏、着火等），队员们制定了全面系统的预案。在可控的情况下，他们将启用防爆电梯；如果情况危急，他们就会通知航天员利用逃逸滑道撤离到地下掩体内。救助队的存在是为了确保每一次航天任务都能安全顺利地完成。

太空之问　航天员为什么要开展逃逸滑道训练？

载人航天，人命关天。航天员的安全永远是要考虑的首要因素。为了确保航天员在紧急情况下安全撤离，发射场的逃逸滑道经过了精心设计和反复试验。这条全长约为60米的滑道，是航天员从发射塔架的9层平台快速撤离至地下掩体的生命线。

为了最大限度地保护航天员的安全，救助队进行了反复研究。通过前期航天员的适应性训练和近百次的常态化训练，救助队对航天员的下跳动作进行了充分的调整和检验，同时还对滑道内衬进行了改良，在滑道出口处放置了加厚的缓冲垫，以最大限度地减小航天员在下落过程中受伤的风险。

在逃逸滑道的出口，航天员可以顺着路标来到避险室。这个避险室距离地面约5米，安装了供氧、照明、换气等装置，并且存放了一些生活用品。在发生爆炸等重大事故时，这里可以为航天员提供一个安全可靠的庇护所。避险室的另一端连接着两个逃生通道，航天员可以通过这个通道安全撤离至地面或技术区。

酒泉卫星发射中心的航天员救助队成立于"神舟一号"任务时期。经过多年的努力，救助队在人员训练、设备维修、安全逃逸等方面形成了一套成熟可靠的流程。救助队的存在为航天员的生命安全提供了坚实的保障。

18 攀岩

土豆

　　我第一次尝试攀岩是在游乐场里，那种挑战自我的感觉瞬间将我吸引住了。每次攀爬，身体都会悬在半空中，这种将要掉下来的感觉让我感到既紧张又兴奋。很多节点需要多次尝试才能通过，这让我感到非常有挑战性。

　　妈妈总是陪在我的身边，给我无尽的支持。她从不强求我一定要爬到最高点，而是鼓励我享受攀岩的过程。每当我放弃时，她就会安慰我道："没关系，下次继续。"当我挑战成功时，她会为我欢呼鼓掌，让我感受到了巨大的成就感。

　　后来，我接受了专业的攀岩训练，发现攀岩不仅需要臂力，还需要掌握很多技巧。在骄阳下攀岩更具挑战性，我在教练的指导下做热身等准备活动，以减小运动损伤的风险。通过不断实践和反复练习，我逐渐掌握了攀岩的基本动作和技巧。

　　在攀岩过程中，我会用很多小窍门来保持灵活和专注。我几乎在每一个休息点都会深呼吸，让自己的身心得到短暂的舒缓。如果在攀岩过程中"滑"了，我就会调整心态，暗示自己不是手滑了，也不是脚滑了，而是心滑了。只有专心致志，才能成功登顶。

　　在团队攀岩中，我和队友会形成一列"红点列车"，每个人都会为他人提供帮助和支持。团队攀岩就像在大海中游泳一样，虽然个人的游泳速度并不快，但一旦搭上了洋流，就能快速前进。个人不是绝对重要的，却又不可或缺，队友应成为彼此的力量源泉，共同向上攀登。

妈妈

攀岩是一项极具挑战性的运动，可以让人沉浸其中，警醒生死，磨炼身心，自我满足和超越。攀岩者和岩壁相互铭刻，攀岩者彼此激励，不断探寻极限。

喜鹊接触攀岩较晚，开始时有些恐惧，但作为一名飞行学员，她以完成任务为首要条件。从她的攀岩中，我看到了她的临界状态，她一次次超越自我，突破极限。而土豆从小接触攀岩，装备齐全，而且有家长的陪伴和教练的指导。从他的攀岩中，我看到了更多的心流状态，他享受攀岩带来的欢乐。

航天员的舱外行走和攀岩有很多相似之处。二者都是挑战自我的活动，参与者需要面对困难和风险，充分发挥潜能，迎接挑战。同时，二者对参与者的身体素质和心理素质的要求都很高，参与者需要掌握一定的技能和技巧。但是，二者在环境条件、技术要求和任务目标等方面有显著的区别。

爸爸

喜鹊、土豆和他们的妈妈都十分喜爱攀岩。这项运动充满了挑战和风险，参与者需要面对高空环境，克服内心的恐惧。攀岩对身体素质的要求较高，参与者需要具备一定的力量、耐力和协调性，还需要掌握一定的技能。在攀岩过程中，保证安全是最重要的，如果防护不到位，参与者很容易受伤。因此，进行攀岩训练需要特定的装备和场地。对于体重有些超标的我来说，攀岩确实比较困

难，我担心攀岩绳难以承受我的重量。每次陪他们去攀岩，我只能在一旁观看，但这并不妨碍我对这项运动的热爱。

土豆乐于分享他的攀岩经历。每次训练结束后，他都会绘声绘色地描述他的训练过程和心态变化。有一次我陪土豆去训练，看到他戴着全套的防护装备，全

神贯注地在墙上攀爬，我对这项运动的态度有所改变。也许有一天我会进一步改变观念，鼓起勇气尝试攀岩。

姐姐

　　太空行走是一项难度极高且技术要求严格的任务，航天员需要经过大量训练和充分准备才能胜任。攀岩训练可以很好地模拟太空行走，帮助航天员增强肌肉力量和耐力，提升空间感知能力，增强身体的平衡和协调能力。在体能训练中心，我们每周都会在教练的指导下进行攀岩训练。这种训练不仅可以让我更好地适应太空行走带来的挑战，也会让我感受到挑战自我、超越自我的成就感和自豪感。

　　太空行走是一个国家科技实力和经济实力的体现，我非常感激国家给我提供了这样难得的机会。我为祖国的强盛和所取得的巨大成就感到骄傲，也为人类文明的发展感

到自豪。这激励着我不断追求更高的目标，为人类探索宇宙、拓展活动空间做出更大的贡献。

太空之问　航天员为什么要进行攀岩训练？

为了适应太空的特殊环境，航天员需要在地面上接受一系列有针对性的体能训练，其中攀岩训练是一项非常重要的内容。攀岩训练对航天员提高身体素质、心理素质和技能水平等都有很大的帮助。

首先，攀岩训练可以改善航天员的身体素质。在太空中，航天员需要面对苛刻的环境条件，开展大量的出舱活动，而出舱活动主要依靠臂力。攀岩训练可以帮助航天员发展上肢力量和耐力，从而更好地适应太空环境。

其次，攀岩训练可以提高航天员的空间感知能力。对于初次执行太空任务的航天员来说，太空是一个完全陌生的环境，缺乏参照物，难以分辨方向。攀岩训练可以在一定程度上模拟高空环境，让航天员适应高空作业的感觉。

最后，攀岩训练还可以增强航天员的信心和决心。攀岩是一项具有挑战性的运动，参与者需要克服恐惧和困难，这对于提高航天员的心理素质非常有帮助。

总之，攀岩训练是航天员训练中非常重要的一项内容，可以为航天员提供多方面的锻炼，帮助他们更好地适应太空环境。

卡丁车与太空漂移

土豆

在一个阳光明媚的周末午后，妈妈带我来到了一个宽敞的赛车场。这里充满了发动机的轰鸣声和轮胎与地面摩擦的声音，我感到无比激动。今天，我终于又有机会驾驶卡丁车了，可以感受速度带来的激情与快乐！

我迅速换上赛车服，戴上头盔，然后走向一辆红色卡丁车，内心无比激动。我坐上卡丁车，拉下头盔面罩，只露出眼睛，仿佛整个世界只剩下我和这辆卡丁车。伴随着发动机的轰鸣，我如同风一般疾驰而去。

在赛道上飞驰，我全神贯注，双眼紧紧盯着赛道。每一次加速，每一次转弯，都让我感受到了前所未有的兴奋，我仿佛已经与这辆卡丁车融为一体，忘记了周围的一切，尽情在赛道上驰骋。

我可以如此熟练地驾驶卡丁车是因为我进行了很多次练习，付出了巨大的努力。记得第一次开卡丁车的时候，我被安排在一条儿童专用的小型迷你赛道上，车速被限制在最低挡。教练耐心地教我如何启动、加速、刹车和转弯。每到转弯的时候，我总是忍不住想要尝试一下"太空漂移"。这时，教练就会在一旁紧张地大声喊道："踩刹车，减速，不要撞过来！"但是已经来不及了，我

撞向了塑料围栏，折腾了半天才能重新上路。在学习驾驶卡丁车的过程中，我深深地认识到了遵守规则的重要性。后来，我在转弯的时候还会有些紧张，但速度慢慢提升上来了。

对于小孩来说，驾驶卡丁车确实会遇到很多困难。首先，在加速、减速、转弯、刹车、避让时需要掌握一定的技巧。其次，必须保持注意力高度集中，否则可能发生撞车等"事故"。

除了卡丁车，还有许多适合小孩玩的车辆，比如自行车、滑板车、电动玩具车、碰碰车和冰上自行车等。在参加航天创新大赛时，我提出了在冥王星上建造冰刀车的想法，这个灵感的来源就是卡丁车和冰上自行车。

冬天在什刹海骑冰上自行车是一种无比奇妙的体验。这时湖面被冻得结结实实，天空湛蓝，阳光明媚，空气干冽而清新。冷清了许久的湖面一下子热闹起来，吸引了许多人前来这里玩耍。阳光在冰面上反射出耀眼的光芒，让人情不自禁地想要探索这片晶莹剔透的冰雪世界。

冰上自行车的轮胎经过了特殊设计，可以在冰面上行驶得更加稳定和安全。骑上冰上自行车后，我能感受到冰层在轻微地颤动。我穿过熙熙攘攘的人群，把妈妈远远地甩在后边。前方就是警戒线了，如果再往前冲，很可能会掉进冰窟窿里。我赶紧刹车减速，然后向左转弯，在冰面上划出一道优美的弧线，扬起一圈白色冰雾，在阳光的照耀下升起了一道美丽的彩虹。

妈妈

我对赛车运动充满热情，因为它与航天员的训练有许多相似之处。世界一级方程式锦标赛（简称F1）是国际汽车联合会举办的最高等级的年度系列场地赛，与奥运会、世界杯足球赛齐名，被誉为"世界三大体育盛事"之一。我有幸在现场观看了一场F1比赛，深切地感受到了赛车手的非凡勇气、团队的高度协作精神，以及科技所带来的速度与激情。

F1赛车手需要承受巨大的离心力和加速度。为了抵抗离心力，F1赛车手需要具有强健的体魄和沉着冷静的头脑。在转弯时，他们需要承受相当于自身体重4倍的离心力；在刹车时，更是要承受超过自身体重5倍的力量。在这样的情况下，头部和头盔的重量会增加到原来的5倍。因此，赛车手的颈部往往特别强壮，可以把头部保持在适当的位置。

航天员在做离心机训练时主要承受胸背向和头盆向的力，其中胸背向最高要承受相当于人体重量8倍的力，头盆向最高要承受人体重量5倍的力。这比赛车手所承受的力更大，但他们不需要承受左右方向的离心力。

赛车手和航天员都要有强大的上肢力量。赛车手的手臂和手腕的肌肉非常发达，因为操作方向盘需要很大的力量。虽然今天可以使用动力方向盘来减轻赛车手的负担，但高速行驶时，在空气压力下转动方向盘仍然很费力。转弯时，赛车手需要用强壮的手臂把赛车维持在理想的行进路线上。而航天员在太空中工作和生活时主要靠手"走路"，出舱活动时需要使用上肢的力量，因此他们需要加强对上肢力量的锻炼。

赛车手和航天员都需要强大的心肺功能。在高速转弯时，赛车手体内的血液会流向一侧，心率高达每分钟190次，而在整个比赛过程中心率都在每分钟160次以上。在太空中执行任务时，如果航天员的心跳加速，可能会导致血管破裂、脑出血、晕厥等严重后果，因此选拔和训练环节非常重视航天员的心血管调节能力。

最后，身体的耐热性对赛车手和航天员来说都至关重要。在比赛中，赛车驾驶室内的温度有时高达五六十摄氏度。虽然赛车手在比赛时会不断补充水分，但在将近两小时的比赛结束后，由于脂肪消耗和脱水而减轻的体重可能会超过4千克。航天员每次进行水下训练需要6~7小时，虽然调温系统能把水下舱外服内的温度调整得比较舒适，但水下训练特别消耗体力，出水后航天员失去的体重也会达到1~2千克。

我的女儿喜鹊非常喜欢观看F1比赛。尽管工作繁忙，她很少有机会到现场观看，但通过直播画面也能感受到那种速度与激情。至于土豆，他更偏向于享受赛车飞驰所带来的刺激，而并不是很了解比赛规则。如果F1比赛在中国举办，我一定抽出时间带他去现场观看，让他亲身感受比赛时的热烈气氛。听说最近有一所大学设立了赛车专业，这对于喜欢赛车运动的年轻人来说真是个好消息。

爸爸

车对我而言不仅是代步工具，更是生活态度的一种体现。我注重驾驶的稳定性和安全性，因此我选择了一辆新能源汽车作为日常出行的座驾。这种汽车环保、节能，代表着汽车产业未来的发展方向。

周末，我喜欢与土豆一同度过，我们常去湖边遛狗。为了方便携带狗笼，我会驾驶一辆皮卡车。这种汽车的后部空间敞开，可以轻松容纳庞大的狗笼，同时较高的底盘让出行更为舒适。唯一的小遗憾是，这是一辆手动挡汽车，对我的驾驶技术提出了不小的挑战。

在湖边的道路上，我驾驶着皮卡车，土豆坐在后排座位上。我们的行驶速度并不快，每一次出行都让我感到自由自在。

姐姐

我驾驶着宇宙飞船在无边无际的宇宙中穿行。这是一项精准度要求极高的任务，我不能有丝毫马虎。在飞船的手控交会对接过程中没有刹车装置，我只能通过提前减速的方式来制动。

在调整飞船姿态时，反推发动机会喷出熊熊火焰。火焰有时呈蓝色，有时则可能是白色。在燃烧过程中，有时会产生高浓度的氮气和氢气，这些气体在

高温下与燃烧产生的水蒸气和氧气发生反应，从而形成炫目的蓝色火焰。每一次制动和姿态调整，我都要全神贯注、一丝不苟。我深知这不仅是对飞船的操控，更是对航天员生命的守护。每一次操作成功都让我更加坚定、自信、勇敢地在茫茫宇宙中前行。

太空之问　航天员为什么要开展交会对接训练？

交会对接是航天器之间完成接近、对接和停靠的重要过程。在空间站的建设过程中，由于发射能力的限制，无法一次性将整个空间站送入轨道，因此需要将各个舱段分批发射，再利用交会对接技术在太空中完成组装。我国主要采用以自动控制为主、航天员手控操作为辅的交会对接方式。

交会对接不仅是太空运输和补给的重要技术，还是完成航天器互访和紧急救生等任务的基础。当航天器出现故障或需要紧急救援时，这个航天器需要迅速与其他航天器或救援飞船完成交会对接，为故障修复或人员救助创造条件。

没有终点的比赛

土豆

期末考试终于结束了。

在考试过程中，我的心情犹如乘坐过山车，跌宕起伏。刚开始，我十分轻松，淡定地写下了自己的名字，然后开始填写答卷。然而随着时间的推移，焦虑慢慢涌上了心头。有几道题明明已经做过了好几遍，我却怎么也想不起正确答案。我绞尽脑汁，最后只能胡乱选择一个答案。

当考试结束的铃声响起时，我交了试卷，坐在座位上发了一会儿呆。我心里盘算着答题情况，应该能拿到85分以上的成绩吧。想到这里，我高高兴兴地背起书包准备回家。

考试结束后，我便开始期待着学校的评优活动。我的心情变得复杂起来，既紧张又充满期待。我深知这是对自己一个学期努力学习的检验，同时也希望能够得到大家的认可。这种复杂的感情交织在心头，让我既焦虑又充满期望。

班主任提到学习成绩是评价的重要方面，包括课堂表现、作业完成情况和考试成绩等。综合奖项有"三好学生""优秀少先队员""优秀班干部"和"优

秀学生"等。我心里想，自己平时上课总是好动，可能无法获得像"三好学生"这样的奖项了。但班主任鼓励我们，即使没有获得综合奖，也可以申请单项奖。学生的综合素质也是评价的重要方面，包括特长、团队协作能力、沟通能力和组织能力等。这些奖项有"文艺之星""美术之星""科技之星""热爱劳动奖"和"团结互助奖"等。

我想了一下，自己比较喜欢科技课，参加了科技创新大赛，会简单编程，也会画图纸和做实验，于是我决定申请"科技之星"。等待结果的时候，我的心情十分忐忑，如同潮水般翻涌。当全班同学齐声呼唤我的名字时，那是我心中最期待的声音，也是我付出努力后最甜美的回报。全班同学都同意了，这让我非常开心。在这个喜悦的时刻，我回顾过去，感谢老师的鼓励，为我增添了勇气；感谢妈妈的陪伴，为我提供了坚实的后盾；也感谢自己的努力，找到了属于自己的星辰。

不知道姐姐现在还需不需要参加考试？如果需要的话，她会考些什么呢？姐姐会拿到"三好航天员"奖状吗？

妈妈

土豆的期末考试终于结束了，我悬着的心也放下来了。想想自己小时候，那时学校的评价不仅看成绩、课堂表现和作业完成情况，还看道德品质和纪律表现。老师在写评语时会从各个角度来评价我们的表现，如果你有特长或兴趣爱好，定会被大大表扬。现在学校的评价更加全面和科学，除了以上这些评价内容，还增加了对学生的价值观、自我认知、情感体验、团队协作、创新能力

和实践能力的考查。

我上小学一年级时，班主任是一位和蔼的阿姨，她特别看重助人为乐的美德。每周三下午，我会带着几个小伙伴挨家挨户扫地、擦玻璃、倒垃圾，得到了许多表扬，还因此获得了"助人为乐奖"。这项奖励让我更加乐于助人。

成为教官后，我也喜欢积极评价学员，因为每个学员都需要得到肯定和鼓励。看到他们在探索新领域时，我会鼓励他们，支持他们。我会尊重他们的个性差异，帮助他们找到自己的兴趣。除了结果性评价，我也重视过程性评价，学员的任何努力和进步都值得肯定。无论他们是遇到困难还是取得成功，我都会陪伴在他们身边。

我会通过多种方式与学员进行沟通和交流，了解他们的想法和需求。我会倾听他们的声音，尊重他们的选择，帮助他们找到适合自己的发展方向。因材施教是我的教学理念，每个学生都有独特的天赋，我要帮助他们将其充分展示出来。

作为妈妈，我对孩子们的要求很宽松，不要求他们必须考满分或表现完美。我更希望他们能勇敢地突破自己的舒适圈，敢于尝试和犯错。这样，他们才能不断进步和成长。

我相信，只有通过持续学习和尝试，我们才能跟上这个日新月异的时代。即使某些知识和我的专业不太相关，我也会努力学习，因为这些知识能拓宽我的视野。

爸爸

人生就像一场没有终点的马拉松比赛，充满了未知和挑战。成为大学老师，

就像拿到了新地图，解锁了人生新篇章。要成为学生们口中的好老师，我需要熟练掌握教学技能，需要具备较高的研究水平，还要具有一定的沟通能力，跟学生打成一片。当然，必须具备高尚的职业道德，做学生的榜样。

在上课时，我能虚心接受学生的意见，不断调整自己的教学方式，希望能更好地满足他们的需求。有时，我会在学校的图书馆里备课。平时图书馆不允许孩子进入，但等到校庆开放日，我总会带土豆来这里参观，让他感受这里的学习氛围，也许他能从中找到学习的动力。

在人生这场没有终点的比赛中，我找到了自己的赛道。虽然挑战重重，但每一步都有收获。我相信，在这条赛道上，我会越跑越快，越跑越远。

姐姐

今天是党的生日，我们三位航天员要在太空中参加一项重要活动——党小组会议。这是一种什么样的体验呢？

在地面上开会时，我们都是坐着轮流发言。然而在太空中，我们都是站着开会的，要把脚固定在舱内的脚部束缚带上，而且要全程录像。虽然参加会议的只有我们三个人，但我们每个人都很认真，分别介绍了自己近期的工作、学习和思想状况，深入讨论了下一阶段需要改进的地方。

在会议中，指令长还做了工作总结，对各项数据进行了详细的分析。数据就像一面镜子，让我们看到了成功的经验，也看到了不足之处。这给我们接下来的工作提供了有力的参考。然后，我们共同制订了下一阶段的工作计划。

太空之问 航天员的总结有多么重要？

航天员的工作总结与训练总结非常细致和严格，就像在学校里做作业一样。

首先，航天员要进行很多次评定（比如初选评定、复选评定、乘组评定等），检查他们在太空中的工作表现。航天员的表现会用分数或等级来评定，就像学生的学习成绩一样。为了确保评定的准确性，需要对航天员进行长时间的考察，全面评价他们在各个方面的表现，同时也会参考专家的意见。

除此之外，航天员还要做训练总结，就像小朋友写课后作业一样。训练总结是对训练过程和训练成果的一次检查，可以帮助他们了解自己的训练情况，发现自己的不足之处并加以改进。

这些评定结果和训练总结将成为航天员职业生涯中的重要参考，甚至会用于判断他们是否具备执行飞行任务的资格。